Technik im Fokus

Die Buchreihe Technik im Fokus bringt kompakte, gut verständliche Einführungen in ein aktuelles Technik-Thema.

Jedes Buch konzentriert sich auf die wesentlichen Grundlagen, die Anwendungen der Technologien anhand ausgewählter Beispiele und die absehbaren Trends.

Es bietet klare Übersichten, Daten und Fakten sowie gezielte Literaturhinweise für die weitergehende Lektüre.

Tobias Schüttler

Satellitennavigation

Wie sie funktioniert und wie sie unseren Alltag beeinflusst

2., aktualisierte und erweiterte Auflage

 Springer

Tobias Schüttler
Habach, Deutschland

ISSN 2194-0770   ISSN 2194-0789 (electronic)
Technik im Fokus
ISBN 978-3-662-58050-9   ISBN 978-3-662-58051-6 (eBook)
https://doi.org/10.1007/978-3-662-58051-6

Die Deutsche Nationalbibliothek verzeichnet diese Publikation in der Deutschen Nationalbibliografie; detaillierte bibliografische Daten sind im Internet über http://dnb.d-nb.de abrufbar.

Springer

Planung/Lektorat: Michael Kottusch
Springer ist ein Imprint der eingetragenen Gesellschaft Springer-Verlag GmbH, DE und ist ein Teil von Springer Nature.
Die Anschrift der Gesellschaft ist: Heidelberger Platz 3, 14197 Berlin, Germany

Danksagung

Ich danke den Lektorinnen und Lektoren des Springer Verlages für ihre Geduld und ihre proffessionelle Unterstützung. Meiner Frau Lisa danke ich dafür, dass sie mir den Freiraum geschaffen hat, der erforderlich war, um mich mit diesem spannenden Thema auseinanderzusetzen.

Inhaltsverzeichnis

Grundprinzipien der Satellitennavigation

Das Wort Satellitennavigation wird meist als eine Art Überbegriff verwendet, bezeichnet jedoch eigentlich zwei unterschiedliche Dinge: neben der Ortung, also dem Ermitteln der eigenen Position, mit Hilfe von Satellitentechnologie, bedeutet Navigation eine Hilfe bei der Fortbewegung hin zu einem bestimmten Ziel. In der Umgangssprache ist damit aber meist beides, also die Satellitenortung und die Satellitennavigation gemeint, was streng genommen nicht ganz exakt ist. Da sich das vorliegende Buch jedoch in erster Linie nicht an derart spezialisiertes Fachpublikum wendet, welches sich an dieser Unsauberkeit stören könnte, sondern eher an Leser, deren Fokus in erster Linie auf allgemeiner Verständlichkeit liegt, ohne dabei auf den Anspruch auf prinzipielle fachliche Korrektheit zu verzichten, sei diese kleine Unsauberkeit verziehen.

Überhaupt möchte ich darauf hinweisen, dass jede Art von didaktischer Rekonstruktion, also letztlich der Versuch des Verständlich Machens von komplizierten Inhalten, immer die Gefahr in sich trägt, nicht jede denkbare Eventualität zu berücksichtigen, stellenweise lediglich auf Prinzipien zu verweisen und letztlich der Komplexität eines Sachverhaltes nicht vollständig gerecht zu werden. Daher halte ich es für angebracht, einleitend zu klären, was Sie von diesem Buch erwarten können und was nicht (Tab. 1.1).

© Springer-Verlag GmbH Deutschland, ein Teil von Springer Nature 2022
T. Schüttler, *Satellitennavigation*, Technik im Fokus, https://doi.org/10.1007/978-3-662-58051-6_1

Tab. 1.1   Zum Inhalt dieses Buches

Das dürfen Sie erwarten	Das dürfen Sie nicht erwarten
• Verständliche, weitgehend formelfreie Darstellung der prinzipiellen Funktionsweise der Satellitenortung • Beschreibung einer ganzen Reihe von Anwendungen aus unterschiedlichen Gebieten • Einblicke in eine faszinierende Technologie, welche ohne die Erkenntnisse der modernen Naturwissenschaften undenkbar wäre	• Herleitungen der Formeln, welche bei der Satellitennavi-gation eine Rolle spielen • Exakte Beschreibung und Erklärung der Empfänger- und Antennentechnik • Mathematische Berechnungen jenseits der Grundrechenarten • Politische Hintergründe zu Galileo • Eine Anleitung zum Geo-caching und anderen Aktivitäten mit Satellitennavigationsempfängern

1.1   Ein Mitmachexperiment zum Einstieg

Das grundlegende Funktionsprinzip der Satellitennavigation ist schnell erklärt – am besten ist es, wenn man dieses Prinzip gemeinsam mit ein paar (mindestens drei) befreundeten Interessierten einfach einmal im Freien nachspielt. Dazu benötigen Sie Papier, Bleistift, Zirkel und Lineal, ein Luftbild des eigenen Standorts (z. B. von Googlemaps), eine Stoppuhr und natürlich: ein Smartphone bzw. einen GPS-Empfänger.

Die Grundidee ist, dass man die Position eines Empfängers relativ zu einer bestimmten Anzahl von Satelliten bestimmt. Wenn nun die Position der Satelliten bekannt ist (und das ist sie!), kann man daraus die Position des Empfängers ableiten.

In der realen technischen Umsetzung, wie bei GPS, ist dieses Prinzip, wie wir noch sehen werden, ziemlich komplex, als Spiel jedoch recht einfach: Sie selbst und Ihre Mitspieler bilden ein Satellitennavigationssystem auf dem Boden nach. Dazu müssen drei Spieler Satelliten (beziehungsweise deren Signale) darstellen und einer den Empfänger. Legen Sie zu Beginn des Spiels zuerst einmal eine „Satellitenkonstellation" fest. Dazu sucht man sich Geländepunkte auf dem Luftbild aus, welche man in der Realität gut wiederfinden kann, beispielsweise Bäume oder Ecken von

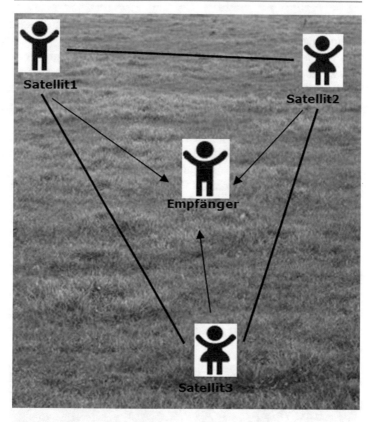

Abb. 1.1 Bilden einer „Satellitenkonstellation". (Quelle: Autor)

Gebäuden. Es werden drei Satelliten benötigt, daher auch drei markante Punkte – vergleiche Abb. 1.1.

Im Spiel sind die Satelliten zugleich auch deren eigene Funksignale. Der Einfachheit halber legen wir fest, dass Sie, lieber Leser, in diesem Spiel den Empfänger spielen, Ihre Mitspieler die Satelliten(-signale). Nacheinander müssen nun die Signale einzelnen (Sie bekämen sonst arge Probleme mit der Signalverarbeitung) zum Empfänger, also zu Ihnen hin gehen. Dies tun sie möglichst gleichförmig, also geradlinig und mit konstanter Geschwindigkeit und, um leichter rechnen zu können, mit ungefähr vier km/h. Die

Geschwindigkeit muss mit dem Smartphone bzw. dem GPS-Gerät kontrolliert werden.

Als Empfänger wird Ihnen die Aufgabe zuteil, mit der Stoppuhr zu stoppen, wie lange die einzelnen Signale unterwegs waren und sich diese Laufzeiten zu notieren. Wenn alle Satellitensignale „durchgelaufen" und ihre Laufzeiten gemessen worden sind, beginnt die Auswertung:

Tragen Sie die ursprünglichen Positionen der Satelliten auf Ihrem Luftbild ein. Mit Hilfe der Signallaufzeiten können Sie nun berechnen, wie weit Sie als Empfänger von den einzelnen Satelliten entfernt waren. Da man bei vier km/h etwa einen Meter in der Sekunde zurücklegt, können die gemessenen Sekundenwerte direkt als ungefähre Entfernungen in Metern verwendet werden. Um diese Information im Luftbild umzusetzen, müssen Sie noch den Maßstab der Aufnahme beachten – bei Bildern von Google Maps kann man sich den entsprechenden Maßstab einblenden lassen (Abb. 1.2).

Nehmen wir an, dass der Empfänger vom ersten Satellit 20 Sekunden entfernt war. Dann ist klar, dass alleine diese Information nicht zur exakten Positionsbestimmung ausreicht – man

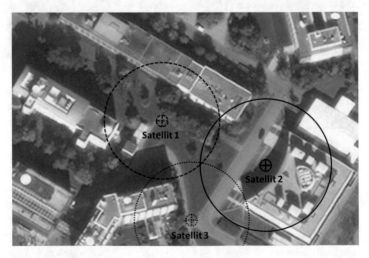

Abb. 1.2 Die Satellitennavigation als Spiel. (Quelle: Autor)

wüsste lediglich, dass man sich irgendwo auf einem Kreis mit dem ersten Satelliten als Mittelpunkt befindet, welcher als Radius 20 Meter hat. Mit Hilfe des zweiten Satelliten lässt sich diese Unsicherheit bereits drastisch reduzieren: Dessen Positionskreis mit sagen wir 30 Meter Radius wird den ersten Kreis im Allgemeinen in zwei Punkten P1 und P2 schneiden. Wenn man nun weitere Kenntnisse über die eigene Position hat, zum Beispiel über den Untergrund (Wiese oder Straße), könnten diese Informationen bereits zur exakten Positionsbestimmung ausreichen, da man einen der zwei Punkte verwerfen könnte. In der Abbildung befindet sich ein Schnittpunkt zweier Positionskreise auf dem Dach eines Gebäudes. Diesen wird man wohl verwerfen müssen …

Vergleichbar wäre diese Situation mit der eines sich auf dem Meer befindenden Schiffes: Wenn nun beispielsweise P1 an Land und P2 auf dem Meer wäre, könnte man bereits durch die Messung zu zwei Bezugspunkten eindeutig eine Ortung durchführen.

Wenn man diese Kenntnis jedoch nicht hat, wenn etwa beide gemessenen Punkte im Meer liegen, ist zur eindeutigen Positionsbestimmung die Auswertung eines dritten Satellitensignals erforderlich: Der so entstehende Kreis wird die Positionskreise von Satellit 1 und Satellit 2 in genau einem Punkt schneiden – vorausgesetzt die Messung war entsprechend genau- und damit das Navigationsproblem lösen. Im Spiel können Sie dieses Prinzip mit Zirkel und Lineal konkret nachempfinden.

Da Satellitennavigationssysteme auch Positionen oberhalb des Erdbodens, wie sie beispielsweise in der Luftfahrt vorkommen, erfassen, also eine dreidimensionale Ortung ermöglichen sollen, ist es bei diesen notwendig, noch einen vierten Satelliten zu empfangen, um eine Eindeutigkeit der Ortung zu erzielen (Abb. 1.3).

Wir halten als Spielergebnis fest:

- Bei der Satellitennavigation misst man die Entfernungen zu Punkten mit bekannten Koordinaten – den Satelliten- und zieht damit Rückschlüsse auf die eigene Position.
- Die Entfernungsmessung wird durch Messung von Signallaufzeiten realisiert.

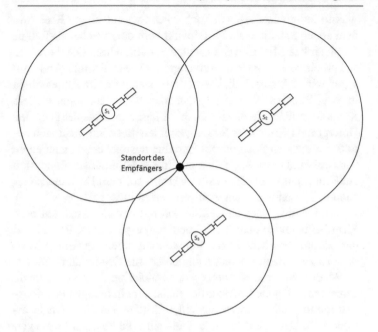

Abb. 1.3 Ortung durch Entfernungsmessung in zwei Dimensionen.
(Quelle: Autor)

• Um eine dreidimensionale Ortung zu ermöglichen, ist für eine
  eindeutige Positionsbestimmung der Empfang von mindestens
  vier Satellitensignalen erforderlich.
• Die Genauigkeit der Ortung wird in erster Linie durch die
  Genauigkeit der Zeitmessung und die exakte Positionsbestimmung der Satelliten beeinflusst.

Um zu verstehen, warum diese auf den ersten Blick so einfache
Grundidee in der Umsetzung derart komplex ist, dass es bis zum
heutigen Tag immer noch eine nur von wenigen Nationen und nur
mit großen Mühen lösbare Herausforderung darstellt, ein Satellitennavigationssystem zu betreiben, muss man sich folgende Fra-
gen stellen:

- Wie kann man Positionen auf der Erde, einem komplex geformten dreidimensionalen Körper, überhaupt metergenau angeben? Diese Grundfrage der Navigation wird im Folgenden kurz behandelt. Hier wird auch eine kurze historische Entwicklung der Navigation skizziert.

- Wie kann man die erforderliche Genauigkeit erreichen und wie kann man die zur Positionsbestimmung notwendigen Daten von einem über 20.000 km entfernten Sender möglichst fehlerfrei und sicher zu einem Empfänger auf der Erde übermitteln? Die Antwort auf diese und andere Frage finden Sie in Kap. 3. Hier wird die technische Realisierung am Beispiel des US-amerikanischen GPS ausführlich beschrieben.

- Die Kap. 4 und 5 befassen sich mit den Satellitennavigationssystemen GLONASS und Galileo.

- Im Kap. 6 möchte ich eine Reihe von Anwendungen – naheliegende und überraschende – vorstellen, welche ohne Satellitennavigation nur sehr schwer oder teilweise gar nicht realisierbar wären, um damit vielleicht am Ende eine Antwort auf die immer wieder zu stellende Frage zu geben „was das Ganze soll".

1.2 Grundlagen der Navigation – bei der nächsten Welle bitte links abbiegen

Im Wort Navigation (lat: navem agere, ein Schiff führen) steckt bereits der ganze ursprüngliche Sinn und Zweck der Navigation. Das „sich zurecht finden auf dem Wasser", wie man Navigation auch übersetzen könnte, stellte die Menschheit bereits im Altertum vor die größten wissenschaftlichen Herausforderungen und war daher schon lange ein wichtiges Feld der naturwissenschaftlichen Forschung. Denn im Gegensatz zur „Navigation an Land" ist es schwer bzw. schlicht nicht möglich, sich auf dem Wasser an Geländepunkten zu orientieren. So ist es wenig verwunderlich, dass sich die frühen Seefahrer noch nicht weit aufs Meer hinaustrauten, sondern ihre Schiffe entlang der Küsten lenkten –

zu groß war die Sorge, sich unwiederbringlich und unrettbar auf dem Meer zu verirren.

Allerdings wusste man schon im Altertum viel über Zusammenhänge am Himmel und kannte den Lauf von Sonne, Mond und Sternen sehr genau. Nun bringt es jedoch die Bewegung der Erde, also die Rotation um ihre eigene Achse und ihre Bewegung um die Sonne, mit sich, dass die Position der Himmelskörper sich mit der Zeit verändert. Und so war das Problem der Navigation schon immer auch ein Problem der Zeitmessung. Überhaupt wurde bereits früh versucht, die Navigation mit Hilfe technischer Hilfsmittel zu verbessern und zu vereinfachen. Auf einige dieser Hilfsmittel wird auch im Folgenden kurz eingegangen.

1.2.1 Navigationswerkzeuge

Die Angabe der eigenen Position (Ortung) kann prinzipiell nur in Bezug auf bekannte, irgendwie vermessbare Punkte erfolgen. Geometrisch muss man zwischen zwei grundverschiedenen Verfahren unterscheiden: Winkelpeilung und Entfernungsmessung.

Vielleicht erinnern Sie sich noch an Ihren Geometrieunterricht und die unterschiedlichen Verfahren der Dreieckskonstruktion mit Zirkel und Lineal. Wenn drei mit Bedacht gewählte Größen eines Dreiecks gegeben waren, so konnte man dieses in gewissem Sinne eindeutig konstruieren. Für die Navigation von Bedeutung sind in diesem Zusammenhang die folgenden Fälle:

1. Gegeben sind die Grundlinie (Basis) des Dreiecks sowie zwei angrenzende Winkel (Abb. 1.4).

Abb. 1.4 Dreieckskonstruktion mit Winkeln. (Quelle: Autor)

2. Neben der Basis kennt man an Stelle der Winkel noch die beiden Schrägentfernungen des dritten Eckpunktes zu Anfangs- und Endpunkt der Basis (Abb. 1.5).

In beiden Fällen lässt sich das Dreieck bis auf Symmetrie, also die Frage „Befindet sich der dritte Eckpunkt oberhalb oder unterhalb der Basis?", eindeutig bestimmen.

Dieses seit dem Altertum bekannte mathematische Wissen wird bereits seit Jahrhunderten zur nautischen Navigation genutzt. Da sich das Wort „Navigation" ursprünglich allein auf die Schifffahrt bezog, wäre der Zusatz „nautisch" eigentlich überflüssig. Mittlerweile nutzen wir das Wort jedoch in nahezu allen Bereichen des „Sich zurecht Findens", also auf See, an Land und in der Luft.

Als Basis-bildende Bezugspunkte wurden entweder markante Geländepunkte wie Berge oder später auch Leuchtfeuer verwendet. Durch Peilung wurden die Winkel bestimmt und so konnte anschließend die Position grob ermittelt werden.

Ein deutlich universelleres Verfahren stellte die Verwendung der Himmelskörper zur Navigation dar und löste auch das Problem, dass es auf dem Meer, also weit entfernt von jeder Küste, nun

Abb. 1.5 Dreieckskonstruktion mit Entfernungen. (Quelle: Autor)

mal keine markanten Bezugspunkte gibt. Jedoch ist es mit dem bloßen Auge nicht möglich, beispielsweise den Erhebungswinkel der Sonne über dem Horizont zu bestimmen. Hierzu sind spezielle Navigationshilfsmittel erforderlich, die historisch bedeutsamsten werden im Folgenden genannt.

Der Kompass

Kompasse (früher auch Kompanten) nutzen das Magnetfeld der Erde zur Orientierung – genauer: zur Bestimmung der Himmelsrichtung. Da sich die Magnetpole der Erde sehr nahe bei den geographischen Polen befinden, wird sich ein möglichst reibungsarm gelagerter Magnet im Erdmagnetfeld in Vorhersehbarer Weise ausrichten. Man geht davon aus, dass dieses Wissen bereits vor über zweitausend Jahren in China bekannt war und spätestens seit dem 11. Jahrhundert von chinesischen Seefahrern zur Navigation genutzt wurde. Eine Kompassnadel wurde dazu schwimmend in einer Flüssigkeit gelagert (so genannter nasser Kompass) und konnte sich im Erdmagnetfeld ausrichten. Da die chinesischen Kompassnadeln nach Süden zeigten, wurden sie auch Südweiser genannt. Als magnetisches Material wurde meist so genanntes Magnetit verwendet. Diese eisenhaltigen Mineralien sind ferromagnetisch, sie sind also „natürliche Magnete".

Der große Vorteil, den ein Kompass mit sich bringt, ist, dass man wetterunabhängig immer die Himmelsrichtung bestimmen kann. Nachteilig ist die große Störempfindlichkeit durch alle ferromagnetischen Materialien, aber auch durch Erschütterungen und Probleme mit der Messgenauigkeit in Polnähe. Dies liegt zum einen daran, dass die Magnetpole, welche sich nicht exakt an den geographischen Polen befinden, ihre Lage zum Teil beträchtlich verändern, zum anderen an der Form des Erdmagnetfeldes: Während die magnetischen Feldlinien in Äquatornähe annähernd parallel verlaufen, sind sie in Polnähe stark gekrümmt, was eine Messung der Richtung zusätzlich erschwert. Hinzu kommt, dass sich das Erdmagnetfeld mit der Zeit verändert (Abb. 1.6).
Der größte Nachteil bei der Navigation ausschließlich mit dem Kompass ist jedoch die große Anfälligkeit für Fehleranhäufungen

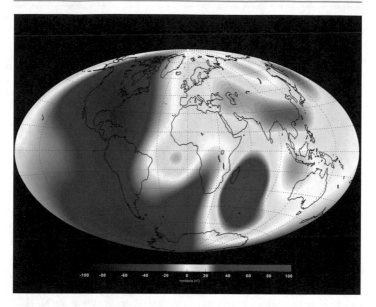

Abb. 1.6 Änderung des Erdmagnetfeldes von Januar bis Juni 2014. (Quelle: ESA)

bei einer längeren Fahrt. Da man allein mit einem Kompass nie eine absolute Position bestimmen kann, sondern nur Richtungen, können sich unvermeidbare Fehler mit der Zeit immer mehr aufaddieren und auf diese Weise insgesamt zu einer sehr großen Kursabweichung führen, selbst wenn die Einzelmessungen für sich genommen recht präzise waren.

Anders ausgedrückt kann man mit einem Kompass nie feststellen, ob man sich an Stelle des gewünschten Kurses nicht auf einem Kurs in gleicher Richtung, aber parallel zum beabsichtigten befindet (vgl. Abb. 1.7).

Der Grund für dieses Problem ist, dass man eben mit dem Kompass keine Position, sondern nur eine Richtung angeben kann, da die Bezugspunkte fehlen. Als solche wurden seit Jahrtausenden die Gestirne vermessen. Die hierbei verwendeten Gerätschaften sind zum Teil recht trickreich und sehr vielfältig. Das wichtigste Werkzeug war jedoch zweifelsfrei der Sextant.

Abb. 1.7 Alle drei
Pfeile zeigen nach
Norden. (Quelle: Autor)

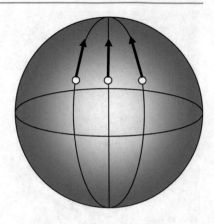

Der Sextant

Warum werden (Piraten-) Kapitäne in Kinderbüchern so oft mit
Augenklappe dargestellt? Haben sie so viele Schlachten geschlagen,
dass zwangsläufig ein Auge darunter leiden musste? Ein Grund für
diese sehr verbreitete Darstellung der Seefahrer ist, dass die Navigation zu dieser Zeit sehr augenschädigend war, da man als Bezugspunkt die Sonne anpeilte. Dies geschah mit bloßem Auge oder durch
rußgeschwärzte Gläser, welche keinen ausreichenden Schutz insbesondere vor UV-Strahlung boten, und so kam es, dass die für die
Navigation eines Schiffes zuständigen Personen oft auf einem Auge
erblindeten – ein sehr unmartialischer Grund also.

Man nutzte den je nach Zeit und geographischer Lage variie-
renden Sonnenstand, um die Position zu bestimmen. Die Grund-
zusammenhänge gehen aus den folgenden Abbildungen hervor.
Bekanntermaßen ist die Rotationsachse der Erde gegenüber ihrer
Bahnebene um 66,5° geneigt. Diese Bahnneigung ist zum Beispiel verantwortlich für die unterschiedlichen Jahreszeiten, da sie
unterschiedliche Bestrahlungswinkel des Sonnenlichtes zur Folge
hat (Abb. 1.8).

Je nachdem, wie nah man sich am Äquator befindet, erreicht die
Sonne im Tagesgang einen mehr oder weniger hohen Höchststand.
Dieser Winkel, der sich auch mit der Jahreszeit verändert, ist damit
ein Maß für die Nähe zum Äquator bzw. die geographische Breite.
Durch präzise Messung der Sonnenhöhe über dem Horizont konnte

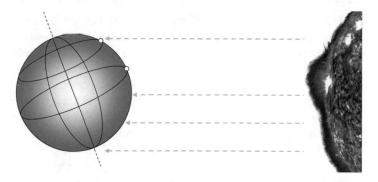

Abb. 1.8 Bestrahlungswinkel der Erde. (Quelle: Autor)

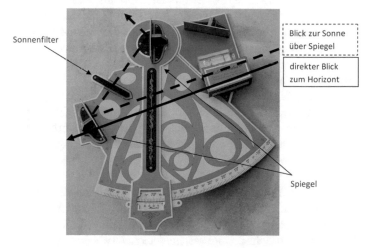

Abb. 1.9 Vereinfachte Funktionsweise eines Sextanten. (Quelle: Autor)

man so mit einer recht guten Genauigkeit von bis zu etwa einer See-meile den Breitenkreis feststellen, auf dem man sich befand, voraus-gesetzt, man wusste die Jahreszeit und der Seegang, welcher die Messung stark beeinträchtigte, war nicht zu stark.

Die Winkelmessung wurde mit einem Sextanten durch-geführt – einem je nach Ausführung sehr genauen Messgerät zur optischen Peilung. Das Messprinzip geht aus Abb. 1.9 hervor.

Während der Horizont direkt angepeilt wird, verstellt man den oberen Spiegel so lange, bis das Bild der Sonne mit dem Horizont zur Deckung gebracht wird. Auf der unten angebrachten Skala kann man dann den Erhebungswinkel ablesen. Der dargestellte Sextant verfügt zudem noch über eine kleine Wasserwaage, welche hilfreich ist, wenn man den Horizont nicht sehen kann, weil er beispielsweise von Gebäuden verdeckt wird. Ein Gerät zur Winkelmessung mittels Spiegeln wurde übrigens bereits um das Jahr 1700 herum von keinem Geringeren als Sir Isaac Newton konzipiert, fand jedoch keine weitere Beachtung. Erst gegen 1730 wurden erste funktionstüchtige Sextanten hergestellt und fanden schnell große Verbreitung bei der nautischen Navigation.

Wenn Sie das Prinzip des Sextanten selbst ausprobieren wollen, benötigen Sie heutzutage noch nicht einmal besonders teure Messvorrichtungen, sondern Sie können sich einen Sextanten anhand von Anleitungen im Internet oder auch Bausätzen selbst bauen.

Mit Uhren zur Lösung des Längenproblems
Deutlich größere Probleme als die Bestimmung der geographischen Breite verursachte die Bestimmung der Geographischen Länge, da hierzu zusätzlich zum maximalen Erhebungswinkel der Sonne auch noch die Kenntnis der genauen Uhrzeit erforderlich war.

Die Formulierung „genaue Uhrzeit" ist in diesem Kontext nur auf den ersten Blick eindeutig. Da die Uhrzeit davon abhängt, in welcher Zeitzone, genauer: auf welchem Längenkreis, auf der Erde man sich befindet, unterscheidet man zwischen der so genannten Sonnenzeit, der Zeit also, die der jeweiligen Position, nach Berücksichtigung der Zeitzone, je nach dem aktuellen Stand der Sonne, „angemessen" ist und einer Referenzzeit, beispielsweise der Zeit im Heimathafen.

Der Zeitunterschied zwischen Sonnenzeit und Referenzzeit ist dann direkt proportional zur Winkelauslenkung, wie folgendes einfaches Beispiel zeigt: Der Einfachheit halber verwenden wir als Referenzzeit Greenwich-Zeit, da dann die Länge 0° ist. Um 12:00 Uhr Greenwichzeit zeige nun die Schiffsuhr (zum Beispiel eine Sonnenuhr) eine Sonnenzeit von 15:00 Uhr an. Dann lässt sich daraus ableiten, dass sich das Schiff zum einen ein gutes Stück östlich von Greenwich befindet (die Sonne geht im Osten auf, daher ist es „im Osten später als im Westen", wo sie untergeht), zum anderen kann man sogar die geographische Länge angeben: in 24 Stunden dreht sich die Erde einmal um ihre eigene Achse. Dann legt sie in drei Stunden eben nur ein Achtel des Drehwinkels zurück, also ein Achtel von 360°. Das sind 45°. Diese 45° Ost entsprechen eben gerade der geographischen Länge in unserem Beispiel.

Dieses so genannte Längenproblem entzog sich lange Zeit hartnäckig einer Lösung, waren doch die zur Verfügung stehenden Uhren entweder zu unpräzise (Sanduhren) oder zu empfindlich gegenüber Bewegungen (Pendeluhren). Das englische Parlament lobte zur Lösung des Längenproblems ein Preisgeld von 20.000 Pfund aus, was in etwa dem 2000-fachen dessen, was ein einfacher Arbeiter in einem Jahr verdiente, entsprach. Dem gelernten Tischler und Erfinder John Harrison gelang es im Jahr 1759, eine entsprechend genaue Uhr, den Chronometer H4, zu entwickeln, welcher ihm letztlich 1775 die Ehre und das Preisgeld für die Lösung des Längenproblems einbrachte. Lange konnte er sich jedoch nicht daran erfreuen, da er bereits im Folgejahr verstarb (Abb. 1.10).

Moderne Navigationshilfsmittel
Die technische Weiterentwicklung führte zu einerseits immer genaueren, andererseits immer zuverlässigeren Navigationswerkzeugen, welche hier nicht alle genannt werden können. Diese bedienen sich jedoch derselben althergebrachten Prinzipien: Entweder wird mit einem mehr oder weniger ausgeklügelten Verfahren der Kurs bestimmt oder es wird die Position in Bezug auf andere Geländepunkte oder die Gestirne bestimmt, mit dem Nachteil, dass dieses Verfahren bereits bei schwacher Bewölkung nicht mehr funktioniert. Einen riesigen Fortschritt brachte die Entwicklung der Funknavigation, deren Anfänge bis ins 19. Jahrhundert zurückreichen. Die Entdeckung elektromagnetischer Wellen durch James Maxwell (theoretisch, 1864) und Heinrich Hertz (experimentell, 1886), war wohl eine der bedeutendsten des gesamten 19. Jahrhunderts.

Abb. 1.10 John Harrison (1693 bis 1776). (Quelle: Wikipedia)

Es dauerte nicht lange, bis Radiowellen zur Übermittlung von Informationen genutzt wurden: so gelang dem italienischen Physiker Guglielmo Marconi im Jahr 1897 die Übertragung telegraphischer Nachrichten über kurze Distanzen und wenig später bis über den Atlantik. In etwa zur selben Zeit stellte der deutsche Hochfrequenztechniker Christian Hülsmeier Versuche zur Ortung mit Hilfe von elektromagnetischen Wellen durch. 1904 meldete er ein von ihm entwickeltes Gerät zur Ortung von Schiffen nach dem Radar-Prinzip zum Patent an – die Geburtsstunde der Funknavigation.

Ein großer Vorteil der Funknavigation gegenüber den althergebrachten optischen Verfahren besteht in der weitgehenden Wetterunabhängigkeit. Je nach Wahl der Frequenz kann Radarstrahlung Wolken einfach durchdringen – oder aber an ihnen reflektiert werden, was man sich heutzutage beim Wetterradar zu Nutze macht. „Radar" ist ein Akronym für „Radio Detection And Ranging", also das Entdecken und Vermessen mittels elektromagnetischer (Radio-) Wellen. Hierbei wird eine Radiowelle von einer Sendestation ausgesandt, trifft sie auf ein Hindernis, so wird sie von diesem reflektiert (Abb. 1.11).

Die Radarstation empfängt das reflektierte Signal und misst, welche Signallaufzeit seit dem Aussenden des Signals bis zum Empfang der Reflexion vergangen ist. Da sich Radiowellen in Luft annähernd mit Lichtgeschwindigkeit ausbreiten, kann man durch die Signallaufzeit auf die Entfernung des Objekts schließen und auf diese Weise letztlich dessen Position bestimmen. Tatsächlich gibt es über das hier sehr kurz skizzierte so genannte Impulsverfahren hinaus eine ganze Reihe anderer zum Teil höchst komplexer Radarmessverfahren, deren Beschreibung jedoch den Rahmen sprengen würde.

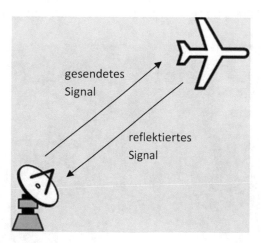

gesendetes
Signal

reflektiertes
Signal

Abb. 1.11   Prinzip des Pulsradars. (Quelle: Autor)

Der militärische Nutzen der Radartechnologie wurde zu Zeiten des Ersten Weltkrieges noch unterschätzt, im Verlaufe des Zweiten jedoch gab es eine ganze Reihe von zum Teil streng geheimen Programmen, in denen die neue Technologie vorangetrieben wurde. In den 1950er-Jahren entstand auf dieser Basis ein weltumspannendes Netzwerk an Funkstationen, welches im so genannten LORAN-C Navigationssystem seit 1957 bis in die 2020er-Jahre für die Navigation in der See- und Luftfahrt Verwendung fand (Abb. 1.12).

LORAN steht als Akronym für Long Range Navigation. Das zugrundeliegende Messprinzip ist die Bestimmung von so genannten Entfernungsdifferenzen, beziehungsweise das Hyperbelverfahren, welches im Zusammenhang mit dem Satellitennavigationssystem Transit noch genauer erklärt wird.

Die Entwicklung des Systems geht bis in das Jahr 1940 zurück. LORAN-C-Stationen wurden ab den 1950er-Jahren von vielen Nationen weltweit betrieben. Mittlerweile wurde das System außer Betrieb genommen, da der Unterhalt und Betrieb sehr kostenaufwändig war und LORAN durch satellitengestützte Systeme ersetzt werden konnte. Die Stilllegung war aus verschiedenen Gründen nicht ganz unumstritten. Da LORAN-C auf einem anderen Funktionsprinzip basiert und mit 100 kHz eine gänzlich an-

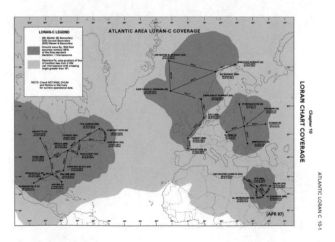

Abb. 1.12 LORAN-C Funkstationen in der Atlantikregion im Jahr 2006. Die einzige deutsche LORAN-C Station auf Sylt wurde Ende 2015 außer Betrieb genommen. (Quelle: US-NGA)

dere Frequenz nutzt als Satellitennavigationssysteme wie GPS und GALILEO, können dessen Signale auch ohne direkten Sichtkontakt empfangen werden. Darüber hinaus wurde es als ziviles System als wichtiges Backup betrachtet für die unbestrittener maßen viel genaueren aber eben bis auf das europäische Galileo-System durchweg militärischen Satellitennavigationssysteme wie GPS und GLONASS.

Neben dem erwähnten LORAN-C gab und gibt es noch weitere bodengestützte Navigationssysteme wie das Russische CHAYKA-System, welche allesamt ähnlich funktionieren. Ihnen gemeinsam ist der hohe Aufwand, welcher zum Betrieb erforderlich ist, nicht zuletzt, da die Sendestationen zum Teil auch in schwer zugänglichen Gebieten betrieben werden bzw. wurden. Die Langstrecken Funknavigation wird daher heutzutage fast nur noch mittels satellitengestützter Systeme realisiert. Im Kurzstreckenbereich werden bodengestützte Funknavigationssysteme in der Luftfahrt bei Starts und Landungen nach wie vor als sichere und präzise Navigationshilfe eingesetzt.

1.2.2 Koordinaten auf der Erde

Ein grundsätzliches Problem der Navigation stellt die Frage dar, wie man Positionen auf der Erde überhaupt präzise angeben kann. Die Erde ist geometrisch, wie die bei den Apollomissionen erstellten Aufnahmen eindrucksvoll zeigen, in recht guter Näherung eine Kugel (Abb. 1.13). Wenn man jedoch genauer hinsieht, stellt man fest, dass die tatsächliche Form der Erde komplexer ist. Denn neben topographischen Besonderheiten wie Gebirgen ist die Erde als Ganzes an den Polen etwas flacher als am Äquator. Diese so genannte Polabflachung der Erde ist eine Konsequenz aus der Rotation der Erde und der dadurch auftretenden Fliehkraft und beträgt ca. 20 km. In Relation zum Erdradius von etwa 6370 km mag dies wenig erscheinen, wenn man jedoch versucht, in einer Großstadt die richtige Hausnummer zu finden, sind bereits wenige Meter entscheidend. Um präzise navigieren zu können ist es daher erforderlich, möglichst genaue Karten der Erde zu verwenden.

Abb. 1.13 Erdkugel aufgenommen von der Crew der Apollo 17 Mission. (Quelle: NASA)

Die Positionsangaben auf der Erde werden mit sphärischen Koordinaten, den so genannten Längen- und Breitengraden angegeben (Abb. 1.14). Dabei legt man den nullten Breitenkreis am Äquator fest, der Nullte Längenkreis, auch Nullmeridian genannt, verläuft durch Greenwich. Nun werden die Breitenkreise in Richtung der beiden Pole parallel zur Äquatorebene fortgeführt und in Grad gemessen. Der Nordpol wird mit 90° Nord, manchmal auch +90° definiert, der Südpol entsprechend mit 90° Süd bzw. −90°.

Die Meridiane, also die Längenkreise, werden vom Nullmeridian aus um 180° nach Westen bzw. Osten gezählt. Eine typi-

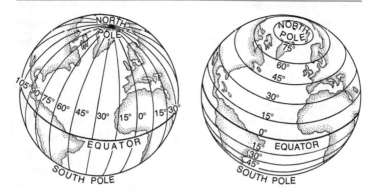

Abb. 1.14 Längen- und Breitenkreise

sche Positionsangabe wäre 48° 08′ 14″ N, 11° 34′ 31″ O – die Koordinaten des Münchner Marienplatzes. Manchmal werden Koordinaten auch in Gleitkommadarstellung angegeben – die meisten GPS-Empfänger verfügen über die Möglichkeit, beide Darstellungsweisen zu nutzen. Die Umrechnung ist wie folgt: 48° 08′14″ bedeutet gelesen „48 Grad 8 (Bogen-)Minuten 14 (Bogen-)Sekunden". Nun rechnet man ganz analog zum Rechnen mit (Uhr-)zeiten. Die Gradzahl entspricht der Stunde, Minuten und Sekunden sind analog zu den Zeitangaben. Daraus folgt, dass ein Grad 60 (Bogen-) Minuten bzw. 3600 (Bogen-)Sekunden entspricht. 48° 08′14″ sind damit 48° + 8/60° + 14/3600° = 48,137222°.

Nachdem die Berechnung der Gleitkommazahl im Allgemeinen nicht aufgeht, sondern hinter dem Komma eine unendliche Zahlenfolge erzeugt, ist die Frage berechtigt, wie genau die Angaben in Grad/Minuten/Sekunden überhaupt sind.

Da sich die Messung ja auf die Erde bezieht, deren Umfang 40.000 km beträgt, lässt sich diese Frage leicht beantworten. Wenn man 40.000 km durch 360 teilt, erhält man, dass 1° 111.111 km entspricht, eine Bogenminute demnach 1852 km und eine Bogensekunde wären demnach knapp 31 m. Das bedeutet, dass eine Positionsangabe im Format „Grad-Minuten-Sekunden" nicht genauer als gut 30 m sein kann. Möchte man exaktere

Positionsangaben, so wird die oben erwähnte Gleitkommadarstellung oder manchmal auch eine Mischung aus beidem verwendet.

Der Bezugspunkt, das heißt der Koordinatenursprung des soeben erläuterten Koordinatensystems, liegt, wie erwähnt, auf der geographischen Breite von Greenwich am Äquator – genauer dem Schnittpunkt des Nullmeridians, welcher durch Greenwich verläuft, mit dem Äquator. Die Lage des Nullmeridians wurde im Rahmen der Internationalen Meridian-Konferenz in Washington 1884 mit großer Mehrheit durch 25 teilnehmende Nationen beschlossen. Maßgebliche Gründe waren praktischer Natur: Die meisten verwendeten Seekarten bezogen sich bereits auf diesen Nullmeridian, so dass die Umstellung von anderen Kartensystemen nicht so problematisch war, wie sie es bei einer anderen Wahl gewesen wäre. Da sich die Erde ständig um die eigene Achse dreht, sprechen wir von einem mitrotierenden Bezugssystem, bezogen auf die Erde.

Um Koordinaten von Satelliten anzugeben, welche sich um die Erde herum bewegen, ist ein Koordinatensystem erforderlich, welches sich nicht nur auf die Erdoberfläche bezieht, sondern auch darüber hinaus geht. Diese Verallgemeinerung wird mit dem so genannten ECEF-System (Earth Centered Earth Fixed) realisiert. Man stellt sich dazu ein dreidimensionales kartesisches Koordinatensystem mit dem Ursprung im Erdmittelpunkt vor. Die Hochachse (z-Achse) verläuft entlang der Rotationsachse der Erde und geht damit durch die Pole, die x-Achse schneidet die Erdoberfläche im obengenannten Nullpunkt der sphärischen Erdkoordinaten (0°N, 0°O) am Äquator, und die y-Achse steht auf den beiden anderen Achsen senkrecht, schneidet also den Äquator bei 0°N, 90°O und 0°N, 90°W (Abb. 1.15).

Mit diesem ECEF-System kann man nun alle Punkte auf der Erde (aber auch über der Erde) auf recht einfache Art und Weise angeben, also auch die exakten Positionen von Satelliten. Da sich diese auf Grund ihrer Bewegung relativ zur Erde ständig ändern, müssen die Satellitenpositionen mit Hilfe mathematischer Gleichungen, welche deren Bahnellipsen beschreiben, angegeben werden.

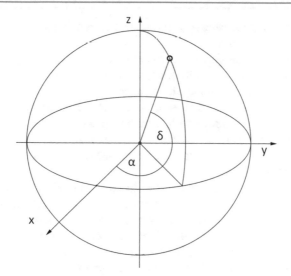

Abb. 1.15 Polarkoordinaten auf der Erde. (Quelle: Autor)

Die Positionsangabe mittels ECEF-Koordinaten erscheint auf den ersten Blick elegant und ist im Prinzip beliebig präzise, gibt sie doch schlicht und einfach einen Punkt im dreidimensionalen Raum an, welcher sich mit der Erde mitbewegt. Wir sind es jedoch gewohnt, unsere Position auf Karten und in Bezug auf bestimmte, in irgendeiner Art besondere Geländepunkte und -merkmale, wie zum Beispiel Straßen und Gebäude anzugeben. Daher ist es erforderlich, die dreidimensionalen Koordinaten des ECEF-Systems auf zweidimensionale Landkarten zu projizieren.

1.2.3   Karten und das WGS 84

Das Leben in einer dreidimensionalen Welt hat ganz eindeutig viele Vorteile. Als 2-D-Wesen wären uns beispielsweise freudige Luftsprünge nicht möglich. Auf der anderen Seite ist es nur sehr schwer vorstellbar, zur Navigation sinnvoll nutzbare Karten als dreidimensionale Körper zu entwerfen. Das hat zur Folge, dass unsere dreidimensionale Erde auf zweidimensionale Karten projiziert werden muss.

Die sehr komplexen Anforderungen der Kartographie kann man im Ansatz nachvollziehen, wenn man versucht, eine Orange so zu schälen, dass dabei eine komplett ebene Fläche entsteht. Bemühen Sie sich nicht zu sehr – es lässt sich mathematisch und damit eindeutig und zweifelsfrei beweisen, dass die Oberfläche einer Kugel nicht „abwickelbar" ist, es also keine Möglichkeit gibt, eine Kugeloberfläche so zu zerschneiden, dass daraus ein ebenes Netz entsteht.

Es ist also erforderlich, die dreidimensionale Erdoberfläche mittels geeigneter Näherungsverfahren auf zweidimensionale Karten zu übertragen. Dies wird durch die unterschiedlichsten Projektionsverfahren realisiert. Hierzu wird im Prinzip immer ein abwickelbarer Körper, wie beispielsweise ein Zylinder, möglichst nah über den zu kartierenden Bereich der Erde gelegt und die Information von der Erdoberfläche auf die Oberfläche des abwickelbaren Körpers übertragen (Abb. 1.16).

Zur Veranschaulichung kann man sich einen von innen beleuchteten Globus vorstellen, welcher mit einem Papierstreifen so umwickelt wurde, dass im Papier keine Knicke entstehen. Die

Abb. 1.16 Näherung durch einen Zylinder. (Quelle: Autor)

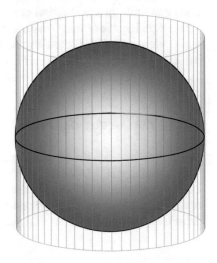

Informationen auf dem Globus werden so durch die Innenbeleuchtung auf den Papierstreifen projiziert und man kann sie anschließend abzeichnen.

Das so entstandene Abbild des Ausschnittes der Erdoberfläche stimmt umso exakter mit den wahren Gegebenheiten auf der Erde überein, je näher der zylindrische Papierstreifen auf der Erdoberfläche auflag und umso weniger, je weiter er von ihr entfernt war. In der Skizze wäre entsprechend die Darstellung des Äquators ganz exakt, die der Pole hingegen vollkommen verzerrt: Anstatt an je einem Punkt zusammenzulaufen, würde hier der entsprechende Kartenausschnitt auf die Breite des Äquators anwachsen, die realen Gegebenheiten also nur sehr unzulänglich wiedergeben. Dieser Effekt kann auf den meisten Landkarten, welche versuchen, die gesamte Erde abzubilden, mehr oder weniger stark beobachtet werden.

Um eine möglichst gute Übereinstimmung zwischen Karte und Realität zu erzielen, werden daher heutzutage deutlich ausgefeiltere zum Teil nur noch mathematisch nachweisbare und wenig anschauliche Projektionsverfahren eingesetzt. Eine elegante Lösung stellt die so genannte UTM-Projektion (Universal Transversal Mercator) dar. Bei dieser wird die Erde in 60 gleich breite, rund um den Äquator verteilte Zonen aufgeteilt. Eine solche Zone überdeckt also genau sechs Grad geographischer Breite (Abb. 1.17).

Nun wird die Information der Erdoberfläche auf einen für die jeweilige Zone möglichst gut passenden Zylinder projiziert, einen Zylinder also, welcher sich genau über dem in der Mitte der jeweiligen Zone liegenden Meridian befindet. Auf diese Art halten sich die durch die Projektion entstehenden Abweichungen der Karte vom exakten Verlauf der Erdoberfläche in Grenzen.

Ein weiteres kartographisches Problem entsteht dadurch, dass die Form der Erde, wie bereits erwähnt, nicht exakt kugelförmig ist, sondern durch die von der Rotation hervorgerufenen Zentrifugalkräfte eher der eines Rotationsellipsoids entspricht. Konkret bedeutet dies, dass sich die Pole um etwa 20 km näher am Erdmittelpunkt befinden, als die Äquatoroberfläche – man spricht in diesem Zusammenhang auch von der Polabflachung der Erde.

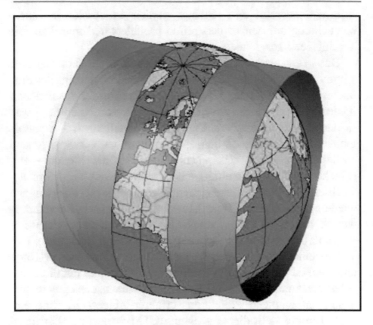

Abb. 1.17 Stark überzeichnete Veranschaulichung der UTM

Noch genauer betrachtet, muss man feststellen, dass die Oberfläche der Erde durch die nicht vollkommen homogene Zusammensetzung noch komplizierter geformt ist und sich hartnäckig einer exakten mathematischen Beschreibung verweigert. Um die Höhe eines Berges oder eines Flugzeuges anzugeben, nimmt man als Bezugsebene die Höhe des Meeresspiegels. Diese jedoch ist auf Grund von Dichteschwankungen im Inneren der Erde ebenfalls nicht überall gleich!

Das bedeutet anschaulich: Angenommen, es gäbe keine Gebirge, Kontinente etc. und die gesamte Erde wäre von Wasser bedeckt, so würde diese Wasseroberfläche nicht die geometrisch leicht beschreibbare Form eines Rotationsellipsoids haben, sondern eher die einer sehr, sehr großen Kartoffel. Diese „Kartoffel" nennt man Geoid. Physikalisch korrekt ausgedrückt beschreibt der Geoid das Schwerefeld der Erde dahingehend, dass die Schwerkraft an jeder Stelle des Geoids exakt senkrecht auf diesen zeigt (Abb. 1.18).

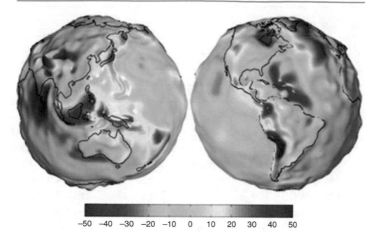

-50 -40 -30 -20 -10 0 10 20 30 40 50

Abb. 1.18 Der Geoid. Die Farben stehen für die Abweichung von der idealisierten Form

Abb. 1.19 Abweichung des Geoid vom Ellipsoid. (Quelle: Autor)

Die Abweichung der Erdoberfläche vom (gedachten!) Geoid stellt die Topographie der Erde, also Berge und Täler, dar. Genau genommen müsste man also die Höhenangaben von Bergen nicht mit „über dem Meeresspiegel", sondern mit „über dem Geoid" angeben.

Für konkrete Anwendungen der Navigation ist es jedoch nicht möglich, die komplizierte Form des Geoids exakt zu berücksichtigen, sondern man muss sich einmal mehr mit Näherungsverfahren begnügen. Dabei muss man jedoch in Kauf nehmen, dass Höhenangaben zum Teil nicht exakt sind, sondern um bis zu 100 m vom realen Wert abweichen können (Abb. 1.19).

Als praktikabel und ausreichend genau hat es sich erwiesen, wenn man den Geoid mit Hilfe geeigneter Rotationsellipsoide an-

Tab. 1.2 Das WGS 84

Parameter	WGS 84
Große Halbachse	6378137 m
Abplattung	1 zu 298,257223563
Winkelgeschwindigkeit der Erdrotation	$7,292115 \cdot 10^{-5}$ s^{-ka1}

nähert, die von Region zu Region unterschiedlich sein können. Da Satellitennavigationssysteme weltweit arbeiten sollen, verwendet man für diese einen einheitlichen Rotationsellipsoid. Dieser wird in einem so genannten geodätischen Weltsystem (Word Geodetic System, WGS) festgelegt, in welchem neben dem Referenzellipsoid auch noch weitere für die Vermessung und Navigation wichtige Größen festgelegt sind, wie zum Beispiel die Rotationsgeschwindigkeit der Erde. Als Grundlage für GPS, Glonass und Galileo dient das WGS 84 (vgl. Tab. 1.2).

Die Satellitennavigationssysteme nutzen also als Kartengrundlage ein Näherungsverfahren, welches selbstredend zu Ungenauigkeiten führt, da sich Referenzellipsoid und Geoid an vielen Stellen in der Höhe unterscheiden. Dieser Unterschied rangiert von wenigen Zentimetern in Nordamerika und Teilen Asiens bis hin zu knapp 100 Metern in Mitteleuropa – es ist dort nicht ohne weiteres möglich, zum Beispiel bei einer Bergwanderung, die Höhe des Berges allein mit GPS und der auf dem WGS84 basierenden Karte exakt zu bestimmen.

Zwar kann die Positionsbestimmung relativ zu den Satelliten mit Hilfe spezieller Verfahren, welche noch erläutert werden, unter bestimmten Voraussetzungen bis auf einige Zentimeter genau erfolgen. Die Karten jedoch, auf welchen die so ermittelte Position eingetragen wird, sind nicht immer zu 100 % exakt!

Wie es möglich ist, mit Hilfe von Satelliten, die in einer Höhe von mehreren Tausend Kilometern mit unvorstellbar hohen Geschwindigkeiten um die Erde rasen, überhaupt derart präzise Positionsbestimmungen durchzuführen, soll im folgenden Kapitel erklärt werden.

Das erste Satellitenortungssystem: Transit

Am 4. Oktober 1957 ging ein Piepsen um die Welt, das die technologische Entwicklung in gewisser Weise revolutionieren sollte: Es war der sowjetischen Weltraumorganisation gelungen, als erste noch vor der amerikanischen Konkurrenz einen künstlichen Himmelskörper in eine Erdumlaufbahn zu bringen. Dieser Satellit Sputnik 1 war in erster Linie eine Demonstration technischer Überlegenheit und hatte darüber hinaus keine weiteren Aufgaben, als zu beweisen, dass es möglich war, einen Satelliten ins All zu schicken und zu orten (Abb. 2.1).

Gleichzeitig war dies jedoch ein Beweis der Leistungsfähigkeit russischer R-7-Raketen. Die zweistufige R-7 war der Vorgänger der späteren dreistufigen Wostok-Raketen, mit deren Hilfe als erster Mensch Juri Gagarin ins All geschossen wurde. Mit der R-7 war es ganz offensichtlich möglich geworden, von sowjetischem Territorium aus mit einer Rakete an jeden Punkt der Erde zu gelangen. Und so war dieser so genannte „Sputnik-Schock" für viele Amerikaner vielmehr als nur die unangenehme Erkenntnis, nicht der erste zu sein: Was wäre, wenn man den Satelliten durch einen Atomsprengkopf ersetzt hätte? Die Sowjetunion war mit dieser leistungsstarken Rakete zumindest technisch im Stande, jeden Ort der Erde von ihrem Territorium aus anzugreifen.

Warum aber war es so schwierig, dieses Ziel zu erreichen? Um einen Satelliten in einem Erdorbit zu platzieren, muss man ihn auf eine sehr große Geschwindigkeit beschleunigen. Das Prinzip dazu

© Springer-Verlag GmbH Deutschland, ein Teil von Springer Nature 2022
T. Schüttler, *Satellitennavigation*, Technik im Fokus,
https://doi.org/10.1007/978-3-662-58051-6_2

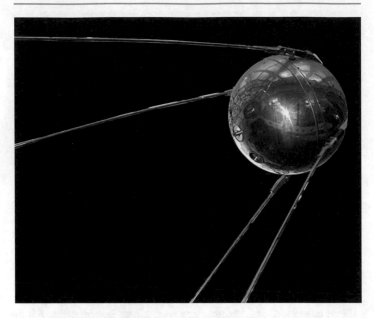

Abb. 2.1 Modell des nur gut 80 kg leichten Sputnik 1. (Quelle: NASA)

wird auf Sir Isaac Newton, den Entdecker der Schwerkraft, zurückgeführt. Die Originalabbildung Newtons veranschaulicht die Sachlage recht gut und stellt zugleich ein schönes Beispiel für ein so genanntes Gedankenexperiment dar (Abb. 2.2).

Stellen Sie sich vor, Sie würden von einem hohen Berg aus einen Stein in horizontaler Richtung, also parallel zum Erdboden werfen. Die Flugbahn des Steins wäre eine Wurfparabel, welche je nach Abwurfgeschwindigkeit mehr oder weniger weit wäre. Nun ist die Erde jedoch, wie wir wissen, nicht flach, sondern rund. Und so kann es bei geeigneter Abwurfgeschwindigkeit passieren, dass die „Parabel" so weit wird, dass eine geschlossene Kreis- oder Ellipsenbahn entsteht.

Grundlage für Newtons Überlegung waren übrigens keinesfalls künstliche Himmelskörper, sondern unser natürlicher Erdtrabant, der Mond: Er wollte überzeugend darlegen, dass das von ihm gefundene Prinzip der Gravitation die alte Frage beantwortet, warum der Mond nicht auf die Erde fällt. Seine Antwort: Er fällt

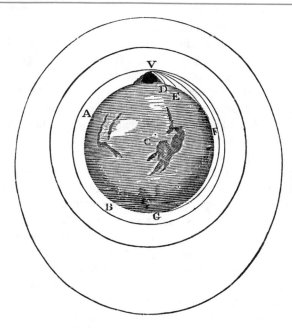

Abb. 2.2 Ein immer schneller geworfener Stein fällt um die Erde herum, aus Newton: Philosophiae Naturalis Principia Mathematica

doch auf die Erde! Er hat nur eine so große Tangentialgeschwindigkeit, dass er immer an ihr vorbei fällt.

Die Geschwindigkeit, welche benötigt wird, damit ein waagerecht abgeschossenes Objekt die Erde nicht mehr trifft, sondern in diesem Sinne an ihr vorbei fällt, wird erste kosmische Geschwindigkeit genannt. Sie ist mit etwa 7,9 km/s – also etwa 28.000 km/h – enorm hoch. Und genau das ist das Problem. Um derart hohe Geschwindigkeiten zu erreichen, ist es erforderlich, mehrstufige Raketensysteme zu betreiben. Die Entwicklung solcher Systeme wurde direkt nach dem Ende des Zweiten Weltkrieges sowohl auf amerikanischer Seite als auch auf der sowjetischen mit großem Einsatz vorangetrieben.

Ausgangspunkt war bei beiden das unter der Leitung von Wernher von Braun in nur etwas mehr als zehn Jahren entwickelte Aggregat 4, auch bekannt unter dem Namen „V2". Es dauerte

demnach noch einmal etwas mehr als zehn Jahre, bis das Stufen-
problem gelöst war. Bis heute existiert keine andere Möglichkeit,
Satelliten auf Orbitalgeschwindigkeit zu beschleunigen als die
Verwendung mehrstufiger Trägerraketen. Die größten Exemplare
sind in der Lage, tonnenschwere Frachten bis weit ins Weltall zu
bringen. Im Zuge der Miniaturisierung der Satellitentechnik gibt
es indes mehr und mehr Bestrebungen, Kleinstsatelliten mit Massen von nur einigen Kilogramm mit besonders kleinen und damit
kostengünstigen Raketen ins All zu befördern.

Sputnik war also in erster Linie ein Beweis für überragende
Raketentechnik und weniger für „Satellitentechnik". Die Flugbahn
des ersten Satelliten konnte vom Boden aus bestimmt werden, indem
man ihn von mehreren verschiedenen Orten aus gleichzeitig anpeilte.
Dieses aus der Funknavigation bereits bekannte Prinzip „umzu-
kehren" und auf die Verwendung von Satelliten als Navigationshilfe
zu übertragen, war demnach nur der nächste logische Schritt. Dennoch ist es überraschend, dass bereits kurz nach dem Start von Sputnik 1 der Grundstein für das erste Satellitenortungssystem, das US-
amerikanische Transit System, gelegt werden konnte.

Die Entwicklung des weltweit ersten Satellitenortungssystems
Navy Navigation Satellite System NNSS, meist kurz „Transit"
genannt, geht bis ins Jahr 1958 zurück. Die Anforderungen an
dieses in erster Linie für die US-Marine entwickelte System
waren mit den Anforderungen an heutige Systeme nicht vergleichbar. Auch die technische Umsetzung unterschied sich sehr. Nichtsdestotrotz lieferte Transit wichtige Erkenntnisse für alle nachfolgenden Satellitenortungssysteme insbesondere in Bezug auf
Satellitentechnik und die nachrichtentechnischen Grundlagen der
Signalverarbeitung.

2.1   Systemarchitektur

Die Systemarchitektur eines jeden Satellitenortungssystems hat sich
im Grunde seit Transit nicht verändert. Sie beinhaltet die drei Gruppen Bodensegment, Raumsegment und Nutzersegment. Als Bodensegment bezeichnet man alle zur Kontrolle und zum Betrieb der
Satelliten erforderlichen Einrichtungen auf der Erde. Insbesondere

sind das natürlich die Kontrollstationen, aber auch über den gesamten Globus verteilte Empfangs- und Sendeantennen. Das Raumsegment bilden die Satelliten selbst. Als Nutzersegment bezeichnet man die Gesamtheit der militärischen und/oder zivilen Nutzer.

2.1.1 Bodensegment

Als Bodensegment bezeichnet man in der Fachliteratur die Gesamtheit der zum Betrieb des Systems auf der Erde erforderlichen Einrichtungen (Abb. 2.3). Im Wesentlichen ist das eine Vielzahl von global verteilten Empfangsstationen, Empfangsstationen mit Sendeeinrichtungen sowie die Kontrollstationen und Kontrollzentren, von welchen aus die Funktion des Systems kontrolliert und sichergestellt wird.

Transit wurde von vier Bodenstationen aus überwacht, welche sich in Point Mugu, Kalifornien, Prospect Harbor in Maine, Rosemount in Minnesota und Wahiawa auf Hawaii befanden. Die von der so genannten „Navy Astronautics Group" im kalifornischen Point Mugu betriebene Station stellte das Kontrollzentrum des Transit Systems dar, von welchem aus das System gesteuert und überwacht wurde. Die anderen drei Stationen empfingen die Satellitensignale und leiteten die Informationen an das Kontrollzentrum weiter, von wo aus die exakten Satellitenbahnen be-

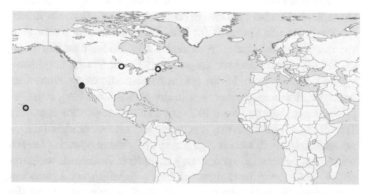

Abb. 2.3 Bodenstationen des Transit Systems. (Quelle:Autor)

rechnet wurden. Die entsprechenden Daten konnten dann von
Point Mugu oder einer weiteren Sendestation in Rosemount an
die Satelliten übermittelt werden, welche sie wiederum als Navigationsnachricht an die Empfänger schickten.

Die Transit Satelliten wurden von Cape Canaveral in Florida und
von der Vandenberg Air Force Base in Kalifornien aus gestartet.

2.1.2 Raumsegment

Zum Betrieb des Systems waren fünf bis sechs Satelliten auf
eigenständigen polaren Orbits mit einer Bahnhöhe von etwa
1100 km vorgesehen. Die einzelnen Satellitenbahnen hatten somit
einen Abstand von 30°. Der erste erfolgreiche Start fand am
13. April 1960 von Cape Canavaral aus statt – ein wenige Monate
zuvor durchgeführter Versuch war gescheitert. Bis 1964 folgten
weitere fünf Satelliten, so dass das System den zuerst lediglich für
militärische Nutzer freigegebenen Betrieb aufnehmen konnte. Ab
1967 konnten auch Zivilpersonen Transit zur satellitengestützten
Ortung nutzen (Abb. 2.4).

Die Satelliten waren für heutige Verhältnisse relativ klein und
mit Massen meist unter 100 kg auch recht leicht. Einige der Satelliten nutzten zur Energieversorgung erstmals so genannte Radio-
isotopengeneratoren, welche die bei radioaktiven Zerfallspro-
zessen entstehende Wärme in elektrische Energie umwandeln.
Diese Technik wird heutzutage dank deutlich effizienterer Solar-
module praktisch nur noch für Missionen, welche sich sehr weit
von der Sonne entfernen, angewendet. Als 1964 der Satellit Transit 5BN-3 aufgrund einer zu geringen Orbithöhe in der Atmosphäre verglühte, wurde das gesamte hochradioaktive Plutonium
seines Radioisotopengenerators in der Atmosphäre freigesetzt.

Insgesamt wurden von 1959 bis 1984 über 40 Satelliten für
Transit ins All geschossen, von denen jedoch fast ein Viertel entweder bereits nach kurzer Zeit ausfielen beziehungsweise bereits
beim Start verloren gingen. Dennoch lieferte Transit als weltweit
erstes voll funktionsfähiges globales Satellitenortungssystem
viele wertvolle Erkenntnisse für die Satellitennavigation und die
gesamte Satellitentechnologie.

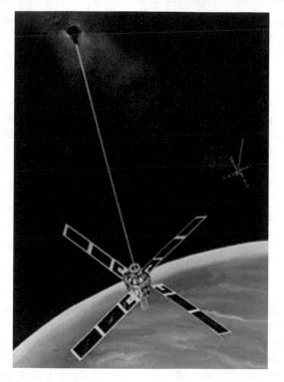

Abb. 2.4 Transit 5C-1 „Oscar". (Quelle: NASA)

2.1.3 Nutzersegment

Transit bot eine ganze Reihe von für die damalige Zeit vollkommen einzigartigen Nutzungsmöglichkeiten, wie globale Verfügbarkeit, Wetterunabhängigkeit und eine Genauigkeit von 100 Metern oder besser, welche der Genauigkeit von zum Beispiel LORAN-C (1/4 Seemeile, also ca. 500 Meter) deutlich überlegen war. Hinzu kam die Unabhängigkeit von Funkstationen, welche an den Küsten stationiert waren, und damit ein deutlich vergrößerter Spielraum bei der Navigation.

So verwundert es auch nicht, dass das System schnell auch von zivilen Nutzern, insbesondere bei der Seefahrt, genutzt wurde.

Die Anwendungen waren vielfältig: neben privaten Jachten nutzten auch kommerzielle Schiffe, Unterseeboote und sogar Ölbohrplattformen Transit zur Navigation. Auch wissenschaftlich wurde es beispielsweise in der Geodäsie, also der Erdvermessung, und der Geographie eingesetzt. Die erreichbare Genauigkeit war zwar bereits für viele Anwendungen vollkommen ausreichend, die Verfügbarkeit war jedoch bedingt durch die Anzahl und die Orbits der Satelliten nicht zu jeder Zeit gegeben. Und so blieb der Nutzerkreis doch größtenteils auf die Seefahrt beschränkt. Auch die Größe der damals verwendeten Empfänger war für Anwendungen beispielsweise im Automobilbereich nicht geeignet. Das bei Transit verwendete Funktionsprinzip war jedoch bereits wegweisend für nachfolgende Satellitenortungssysteme.

2.2   Funktionsprinzip des Transit Systems

Um die Funktionsweise des Transit Systems verstehen zu können, ist ein kleiner Exkurs in die Geometrie und die Physik notwendig, da das Ortungsverfahren auf den ersten Blick recht trickreich ist. Anstatt nämlich wie bei GPS und allen modernen Satellitenortungssystemen den Abstand des Empfängers von mindestens vier Referenzsatelliten zu bestimmen, wurde die Ortung mit Hilfe der, aus der Funknavigation wie zum Beispiel LORAN C bereits bekannten, so genannten Entfernungsdifferenzen bewerkstelligt. Die Grundidee ist ähnlich wie beim Entfernungsverfahren, mit dem Unterschied, dass die sich ergebenden Standflächen, die Bereiche also, auf denen sich der Empfänger laut Rechnung befinden kann, keine Kugeloberflächen sind, sondern so genannte Hyperboloide (Abb. 2.5).

Der Einfachheit halber soll das Verfahren zuerst für eine Ortung in der Ebene erklärt werden – es lässt sich dann recht leicht in drei Dimensionen übertragen.

Da sich der Satellit bewegt, ändert sich auch dessen Schrägentfernung zu einem Beobachter (= Empfänger) – vergleiche (Abb. 2.6). Zur Zeit $t = t_1$ ist sein Abstand vom Empfänger mit $d = d_1$ im Allgemeinen ein anderer als zu Zeit $t = t_2$ – dann ist der Abstand $d = d_2$. Genauer betrachtet zeigt sich, dass sich der Satellit bei der Abbildung dem Beobachter immer mehr an-

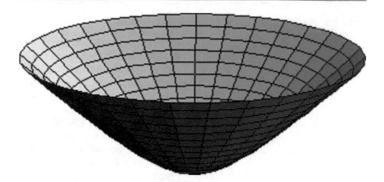

Abb. 2.5 Hyperboloid. (Quelle: Autor)

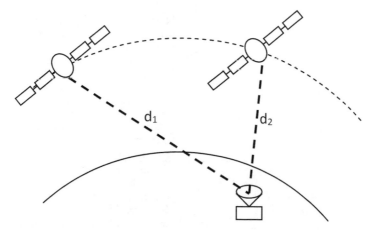

Abb. 2.6 Änderung der Schrägentfernung. (Quelle: Autor)

nähert, um sich anschließend wieder von diesem zu entfernen. Die Änderung des Abstands, bzw. die Entfernungsdifferenz zwischen zwei Zeitpunkten, kann man mit Hilfe des Doppler-Effektes messen (s. u.).

Hat der Satellit nun zur Zeit t_1 den uns unbekannten Abstand d_1 und zur Zeit t_2 den Abstand d_2, so kann man mit Hilfe der gemessenen Entfernungsdifferenz $\Delta d = d_2 - d_1$ die Position des Empfängers zwar nicht eindeutig bestimmen, man kann sie jedoch bereits stark einschränken. Der geometrische Zusammenhang geht aus der tabellarischen Übersicht (Tab. 2.1) hervor.

Tab. 2.1 Funktionsprinzip des Differenzenverfahrens

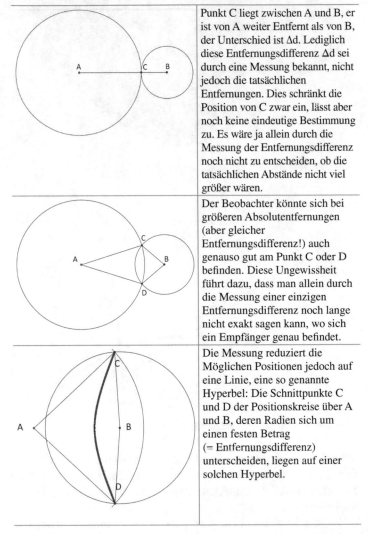

	Punkt C liegt zwischen A und B, er ist von A weiter Entfernt als von B, der Unterschied ist Δd. Lediglich diese Entfernungsdifferenz Δd sei durch eine Messung bekannt, nicht jedoch die tatsächlichen Entfernungen. Dies schränkt die Position von C zwar ein, lässt aber noch keine eindeutige Bestimmung zu. Es wäre ja allein durch die Messung der Entfernungsdifferenz noch nicht zu entscheiden, ob die tatsächlichen Abstände nicht viel größer wären.
	Der Beobachter könnte sich bei größeren Absolutentfernungen (aber gleicher Entfernungsdifferenz!) auch genauso gut am Punkt C oder D befinden. Diese Ungewissheit führt dazu, dass man allein durch die Messung einer einzigen Entfernungsdifferenz noch lange nicht exakt sagen kann, wo sich ein Empfänger genau befindet.
	Die Messung reduziert die Möglichen Positionen jedoch auf eine Linie, eine so genannte Hyperbel: Die Schnittpunkte C und D der Positionskreise über A und B, deren Radien sich um einen festen Betrag (= Entfernungsdifferenz) unterscheiden, liegen auf einer solchen Hyperbel.

(Fortsetzung)

Tab. 2.1 (Fortsetzung)

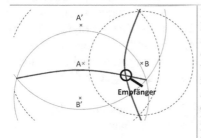	Das bedeutet: Misst man die Entfernungsdifferenz in Bezug auf zwei Referenzpunkte, z. B. die Position eines Satelliten zu unterschiedlichen Zeiten, so kann man die Lage eines Empfängers auf den Bereich einer Hyperbel einschränken. Erst, wenn man zusätzlich die Entfernungsdifferenz zu zwei weiteren Punkten A' und B' bestimmt, kann man die Empfängerposition eindeutig bestimmen. Dort wo sich die Hyperbeln schneiden, befindet sich der Empfänger.

Die Entfernungsdifferenz ist bei allen vier Bildern konstant, die Absolutentfernungen nehmen von oben nach unten zu.

Zusammengefasst lässt sich die zweidimensionale Ortung mit Hilfe der Entfernungsdifferenzen also wie folgt darstellen: Man misst, wie stark sich die Schrägentfernung zu einem Satelliten im Verlaufe eines Überfluges in einem vorgegebenen Zeitintervall ändert. Diese Entfernungsdifferenz Δd liefert eine Hyperbel als Standlinie. Anschließend wiederholt man das Verfahren mit einem zweiten Satelliten. Die eigene Position liegt dann im Schnittpunkt der beiden Hyperbeln.

Da die Satellitenortung jedoch im dreidimensionalen Raum stattfindet, muss man sich anstelle der Hyperbel-Standlinien so genannte Hyperboloid Standflächen vorstellen, also dreidimensionale „hyperbelförmige" Oberflächen Abb. 2.5). Demzufolge sind zur dreidimensionalen Ortung auch nicht zwei sondern drei Messungen von Entfernungsdifferenzen erforderlich. Nun war jedoch beim Transit System die Anzahl der Satelliten so gering, dass es nicht möglich war, gleichzeitig drei Satelliten zu empfangen. Woher kam dann aber die dritte Standfläche?

Die Antwort lautet schlicht und einfach: von der Erde! Als dritte Standfläche verwendete man die Erdoberfläche, in der Annahme, dass sich das zu ortende Objekt auf der Erde befand und nicht im Weltall oder in der Luft. Naheliegender Weise war es auf diese Art nicht möglich, mit Transit die Ortung und Navigation von Flugzeugen durchzuführen, auch die Fernortung von Raketen oder gar Satelliten oder Raumschiffen war somit nicht zu realisieren. Das Transit System war auf Anwendungen auf der Erdoberfläche beschränkt.

Die bei Transit gemessene Größe war also nicht die tatsächliche Entfernung des Empfängers vom Satelliten, sondern das Maß, wie sich dieser Abstand in einer gewissen Zeit verändert. Diese Entfernungsdifferenzen wurden mit Hilfe eines physikalischen Prinzips gemessen, welches auch in vielen anderen Bereichen zur Anwendung kommt. Zur Veranschaulichung denken Sie bitte an das Geräusch, welches ein mit Martinshorn an Ihnen vorbeifahrender Krankenwagen erzeugt (wenn Sie sich eher für Rennsport interessieren, können Sie sich ebenso gut einen vorbeifahrenden Formel 1 Rennwagen vorstellen). Der Ton erscheint höher, wenn der Krankenwagen sich nähert, wenn er sich entfernt, scheint er niedriger zu werden (Abb. 2.7).

Dieser nach dem österreichischen Physiker Christan Doppler benannte Effekt ist eine Erscheinung, die sich bei allen Formen von Wellen, also nicht nur bei Schallwellen sondern auch Licht oder Funkwellen, beobachten lässt. Seine Entstehung beruht auf der Tatsache, dass sich Wellen mit einer ganz bestimmten Geschwindigkeit ausbreiten, die lediglich davon abhängig ist, in welchem Medium sie sich ausbreiten. So bewegt sich der Schall in Luft beispielsweise mit ca. 340 m/s, in Wasser mit 1480 m/s. Er lässt sich dabei weder schneller noch langsamer machen.

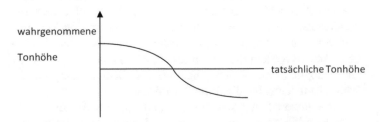

Abb. 2.7 Veränderung der Tonhöhe eines vorbeifahrenden Krankenwagens. (Quelle: Autor)

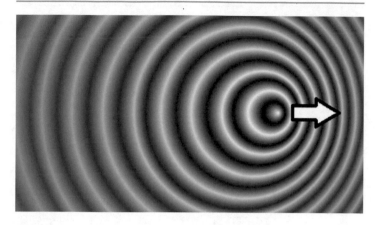

Abb. 2.8 Die Welle wird vor dem Sender gestaucht, dahinter gestreckt. (Quelle: Autor)

Wenn sich also die Ursache der Welle, in unserem Fall der Krankenwagen, in Richtung der Ausbreitung bewegt, so wird die Welle dadurch nicht etwa schneller, sondern sie wird zusammengestaucht, entfernt er sich, so wird sie gestreckt (Abb. 2.8).

Im Ergebnis ist die Frequenz der gestauchten, also zusammengedrückten, Welle größer, die der gestreckten niedriger als die eigentlich ausgesendete. Man nimmt daher den Ton höher beziehungsweise niedriger wahr. Dieser Effekt ist umso stärker, je schneller sich der Sender, im Beispiel der Krankenwagen, in Bezug auf den Empfänger bewegt. Durch die Änderung der Frequenz kann man so auf die Geschwindigkeit schließen, mit welcher sich der Sender dem Empfänger annähert, beziehungsweise mit welcher er sich von diesem entfernt, vorausgesetzt man kennt die exakte Frequenz, welche der Sender eigentlich aussendet.

Diese Überlegung machte man sich beim Transit System zu Nutze, indem man die Relativgeschwindigkeiten der Satelliten bezogen auf den Empfänger mit Hilfe des Dopplereffektes maß. Genau diese Geschwindigkeit gibt ja gerade an, wie sich die Schrägentfernung zwischen Empfänger und Satellit verändert, ist also ein Maß für die gesuchte Entfernungsdifferenz Δd. Das real angewendete Messverfahren mit Hilfe des so genannten „Dopplercounts" ist zwar mathematisch etwas komplizierter als die

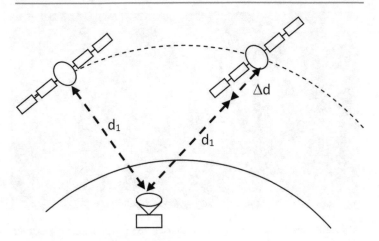

Abb. 2.9 Die Schrägentfernung ändert sich um Δd, da sich der Satellit mit einer bestimmten Geschwindigkeit bewegt. (Quelle: Autor)

soeben beschriebene Grundidee, nutzt aber genau dasselbe Prinzip (Abb. 2.9).

Die größte Einschränkung, die man als Nutzer von Transit in Kauf nehmen musste, resultierte aus der zu geringen Verfügbarkeit: Um die Messungen zu zwei Satelliten durchführen zu können, war es unter ungünstigen Umständen, beispielsweise in Äquatornähe, erforderlich, bis zu zwei Stunden zu warten, da erst dann der erforderliche zweite Satellit sichtbar war. Für Nutzer, die sich in dieser Zeit um größere Distanzen fortbewegen, wie zum Beispiel Fahrzeuge an Land, war das Transit System daher fast ebenso wenig geeignet, wie für Flugzeuge, welche, Transit auf Grund des Messprinzips nicht nutzen konnten.

Daher wurde der Wunsch nach einem globalen Satellitennavigationssystem (GNSS), mit welchem man zu jeder Zeit, an jedem Ort, also auch in der Luft oder sogar im erdnahen Weltraum, die Position eines Empfängers bestimmen könnte, immer dringlicher – eine Entwicklung, die unter anderem auch durch die gefühlte und zeitweise leider ja auch tatsächliche nukleare Bedrohung im kalten Krieg bestärkt wurde. Und so wurde im Jahr 1973 nach einigen weiteren zum Teil auch für die Luftfahrt nutzbaren experimentellen Projekten mit geheimnisvoll klingenden

Namen wie TIMATION und Projekt 621B, von der U.S. Air Force beziehungsweise der U.S. Navy die Entwicklung und der Aufbau von GPS beschlossen.

Führt man sich jedoch vor Augen, zu welcher Zeit und wie schnell Transit entwickelt wurde, nötigt dies größten Respekt vor der enormen Leistung der daran beteiligten Wissenschaftler ab. Es wurde in praktisch allen erforderlichen Bereichen Neuland betreten: angefangen von Raketenträgersystemen über die Satelliten selbst, die Empfängertechnologie bis schließlich hin zur Nachrichtenübertragung über große Distanzen im Weltraum mit Hilfe neuester Verfahren der damals noch recht jungen Disziplin der Nachrichtentechnik. Das Transit System hat zweifellos den Boden für alle weiteren Satellitennavigationssysteme bereitet und einige der damals entwickelten Verfahren der Nachrichtenübertragung sind auch in den heutigen Systemen wie GPS noch im Einsatz.

NAVSTAR GPS

3

Die Vorgabe an das neu zu entwickelnde Satellitennavigations-system war, dass mit diesem zu jeder Zeit an jedem Ort der Erde, in der Luft und im erdnahen Weltraum mit Hilfe eines geeigneten Empfängers von einer unbegrenzten Anzahl von Nutzern ohne weitere Kommunikation die eigene Position bis auf wenige Meter genau bestimmbar sein sollte. Darüber hinaus sollte es in der Lage sein, neben der exakten Geschwindigkeit des Empfängers auch sehr präzise Zeitinformationen zu liefern. Da die Einsatzgebiete ursprünglich militärischer Natur waren, sollte es nicht nur gegen-über zufälligen Störungen, sondern auch gegenüber absichtlich herbeigeführten möglichst sicher sein.

So sollte mit Hilfe von GPS nicht nur die Navigation von Trup-pen an Land und zu Wasser, sondern eben auch die Navigation in der Luft bis hin zur Steuerung von Raketen – auch mit atomaren Sprengköpfen – ermöglicht werden. Allerdings sei bereits an die-ser Stelle erwähnt, dass auch der Nutzen für die Zivilbevölkerung früh im Fokus insbesondere des geldgebenden Kongresses war.

3.1 Systemarchitektur

Die ursprünglich geplanten Eckdaten des mit vollständigem Namen als Navigation Satellite Timing and Ranging Global Posi-tioning System NAVSTAR GPS (manchmal auch „Navigation

© Springer-Verlag GmbH Deutschland, ein Teil von Springer Nature 2022
T. Schüttler, *Satellitennavigation*, Technik im Fokus,
https://doi.org/10.1007/978-3-662-58051-6_3

System with Timing and Ranging") bezeichneten ersten weltweit
verfügbaren Satellitenortungssystems waren: Auf sechs polaren
Orbits sollten sich insgesamt 21 (mindestens erforderlich) + 3
(Reserve) Satelliten in einer mittleren Höhe von 20.200 km über
dem Erdboden so über der Erde bewegen, dass zu jeder Zeit an
jedem Ort der Erde die zur Navigation erforderliche Mindest-
anzahl von vier Satelliten verfügbar wäre. Tatsächlich sind für fast
80 % der Erdoberfläche durchgängig sogar mehr als fünf Satelliten sichtbar – jedoch sind diese nicht zu jeder Zeit auch verfügbar,
also für die genaue Ortung nutzbar. Dies liegt zum einen daran,
dass von Zeit zu Zeit einzelne Satelliten, beispielsweise zu Über-
prüfungszwecken, kurzzeitig außer Betrieb genommen werden
müssen, andererseits aber auch an recht seltenen technischen Störungen.

Kontrolliert werden sollte das System vom U.S. amerikanischen Militär von einem Netzwerk aus fünf Bodenstationen,
deren Zentrale, die so genannte Master Control Station (MCS),
sich in der Nähe von Colorado Springs befindet. Hier, in der
Schriever Air Force Base, laufen die Fäden zusammen – es werden alle Daten der anderen Stationen ausgewertet und überwacht.
Verantwortlich für den Betrieb der Master Control Station und des
gesamten GPS ist das „50th Space Wing's 2nd Space Operations
Squadron". Auf die Aufgaben und das Netz von Boden- und
Kontrollstationen wird im Folgenden eingegangen.

3.1.1 Bodensegment

Das Bodensegment oder Kontrollsegment von GPS bestand ursprünglich neben der bereits erwähnten Master Control Station in
Colorado Springs noch aus vier weiteren Monitorstationen auf
Hawaii, den Ascension Islands, Diego Garcia und Kwajalein
(Abb. 3.1). Zu diesen Monitorstationen kamen ab 2005 weitere
sechs hinzu. Auf diese Weise wurde sichergestellt, dass jeder Satellit zu jeder Zeit von mindestens zwei Bodenstationen aus empfangen werden kann, wodurch eine genauere Überwachung der
Satellitenbahnen sichergestellt werden kann. Dies führt beim Nutzer zu etwas genaueren Positionsbestimmungen.

Abb. 3.1 GPS Bodensegment. (Quelle: gps.gov)

Die Aufgabe der Bodenstationen besteht darin, den Betrieb und die Genauigkeit des Systems zu überwachen und zu gewährleisten. Hierzu ist es in erster Linie erforderlich, die Satellitenbahnen möglichst genau zu vermessen, die Uhrzeiten der Satelliten zu kontrollieren, die Veränderungen der Bahnparameter sowie der Zeiten vorauszuberechnen und schließlich die Funktion des gesamten Systems zu überwachen und eventuell auftretende Störungen zu erkennen und zu beheben.

Der Hauptkontrollstation kommt die zentrale Aufgabe zu, die durch die verschiedenen Monitorstationen von den Satelliten empfangenen Daten zu interpretieren, entsprechende Berechnungen der Bahn- und Zeitparameter anzustellen und die Übermittlung der Daten zu den Satelliten zu koordinieren. Zur Übermittlung von Daten an die Satelliten stehen vier Bodensendestationen zur Verfügung und zwar in Diego Garcia im indischen Ozean, auf den Ascension Islands im südlichen Atlantik, auf Kwajalein im pazifischen Ozean und am Cape Canaveral in Florida. Diese Verteilung ermöglicht zu jedem GPS-Satelliten maximal dreimal täglichen Kontakt, welcher auch voll ausgenutzt wird, um alle Parameter möglichst aktuell zu halten. Mittlerweile existiert zudem ein globales ziviles Netzwerk von Empfängern, welches die Satellitensignale empfängt und etwaige Störungen

Tab. 3.1 GPS-Bodenstationen und deren Aufgaben

Ort	Stationstyp	Aufgaben
Colorado Springs	Monitorstation, Master Control Station	Empfang und Kontrolle der Satellitendaten Koordinierung und Überwachung des gesamten Systems
Diego Garcia Ascension Islands Kwajalein	Monitorstation, Bodensendestation	Empfang und Kontrolle der Satellitendaten Senden von Korrekturdaten an die Satelliten
Hawaii	Monitorstation	Empfang und Kontrolle der Satellitendaten

umgehend an die Master Control Station weitergibt. Tab. 3.1 fasst die Bodenstationen und deren Aufgaben zusammen.

Unter Leitung der United States Space Force wird derzeit mit dem Next Generation Operational Control System (OCX) die Zukunft für das Bodensegment des Global Positioning Systems entwickelt und fertiggestellt. Die Entwicklung folgt dabei einem so genannten inkrementellen Ansatz. Das bedeutet, dass das bestehende Kontrollsegment nach und nach gewissermaßen von innen den neuen Anforderungen angepasst, verbessert und erweitert wird. Dies ist erforderlich, da das ursprüngliche GPS-Kontrollsegment mit einigen Besonderheiten und technische Neuerungen der neuesten Satellitengenerationen nicht mehr adäquat Schritt halten kann. Das ist bei einem bald 50 Jahre alten System nachvollziehbar – manchmal fühlt man sich selbst bei neuen technischen Entwicklungen ja auch so.

Das neue OCX Bodensegment umfasst derzeit bereits alle 17 geplanten GPS-Monitorstationen und betreut die neuesten Generationen von GPS-Satelliten. Ab 2024 soll es das alte Bodensegment vollständig ersetzt haben. Da das neue Bodensegment deutlich schnellere Updateraten der Korrekturparameter realisieren kann, wird sich die GPS-Positionsgenauigkeit alleine durch das neue Bodensegment um mindestens den Faktor zwei verbessern. Einen weiteren Beitrag zur Verbesserung der Genauigkeit werden neue GPS-Satelliten liefern.

3.1.2 Raumsegment

Das Weltraumsegment besteht bei GPS planmäßig aus mindestens 24 Satelliten, welche die Erde auf polaren Orbits mit einer Bahnneigung (Inklination) von 55° in knapp zwölf Stunden einmal komplett umkreisen (Abb. 3.2). Diese Satellitenkonstellation stellt sicher, dass zu jeder Zeit an jedem Ort mindestens vier Satelliten empfangen werden können. Die genaue Anzahl der tatsächlich im Orbit befindlichen Satelliten schwankt, da bei GPS laufend Verbesserungen und Modernisierungen vorgenommen werden. Zurzeit sind 30 in Betrieb befindliche GPS-Satelliten im All.

Der erste GPS-Satellit vom Typ Block I wurde bereits 1978 gestartet, weitere zehn Satelliten desselben Typs folgten bis 1985. Die von Rockwell hergestellten Block I Satelliten dienten in erster Linie der Erprobung des Systems, und ihre Signale waren auch für zivile Nutzer frei zugänglich. Die Satelliten hatten eine Masse von 845 kg und wurden durch Solarpanele mit einer Spannweite von über fünf Metern und einer Leistung von 400 W mit Strom versorgt. Als Energiespeicher für die Phasen, wenn sich die Satelliten im Erdschatten befanden, wurden Nickel-Cadmium-Akkus verwendet.

Mit Hilfe von so genannten Hydrazin-Triebwerken konnten die Satelliten Bahnkorrekturen durchführen. Überraschend war die lange Lebensdauer dieser ersten Generation von GPS-Satelliten, welche mit bis zu 13 Jahren deutlich über der ursprünglich

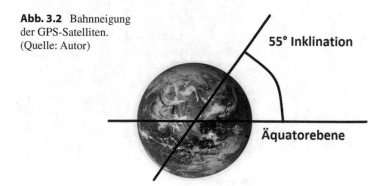

Abb. 3.2 Bahnneigung der GPS-Satelliten. (Quelle: Autor)

55° Inklination

Äquatorebene

angegebenen von nur 4,5 Jahren lag. Mittlerweile sind alle Block I
Satelliten außer Betrieb.

Von 1989 bis 1990 ging mit dem Start von neun Block II Satelliten die nächste Generation von GPS-Satelliten zur Aufnahme
des operationellen Betriebs ins All (Abb. 3.3). Mit einer Spannweite von 5,1 m waren diese in etwa gleich groß, ihre Masse von
rund 1500 kg war jedoch fast doppelt so hoch wie die ihrer Vorgänger. Ihre Lebensdauer war auf 7,5 Jahre ausgelegt, übertraf
diese jedoch ebenfalls meist deutlich. Die höhere Masse kam in
erster Linie durch den Einsatz von vier Atomuhren pro Satellit
und durch Erhöhung der Speicherkapazität auf 14 Tage zustande.

Zusätzlich beinhalteten die Satelliten des Typs Block II auch
die erst zu dieser Zeit eingeführte Möglichkeit, die Genauigkeit

Abb. 3.3 Block II Satellit. (Quelle: NASA)

des Signals künstlich zu verschlechtern. Diese auch Selective Availability (SA) genannte Maßnahme sollte sicherstellen, dass GPS, welches ja in erster Linie als militärisches System konzipiert war, nicht von unbefugten Personen, insbesondere gegnerischen Parteien, eingesetzt werden konnte. Die Selective Availability verschlechterte das Signal im Mittel um das Fünffache, so dass zivile Nutzer nur mit einer Ortungsgenauigkeit von etwa 100 m rechnen konnten. Die künstliche Verschlechterung wurde erst am 2. Mai 2000 abgeschaltet.

Während die Satelliten vom Typ Block I sich noch auf Bahnen mit einer Inklination von 63° bewegten, wurde für alle nachfolgenden eine Bahnneigung von 55° gewählt. So auch für die von 1990 bis 1997 gestarteten 19 Satelliten des Typs Block IIA (das „A" steht dabei für „advanced", also fortgeschritten). Die wichtigste Verbesserung dieser Satelliten gegenüber ihren Vorgängern bestand in der nochmals vergrößerten Speicherkapazität für die zur Navigation erforderlichen Daten und in der Fähigkeit, untereinander kommunizieren zu können. Auf diese Weise konnten die Satelliten untereinander Daten austauschen und somit zum Teil aktuellere Bahndaten zur Navigation liefern. Die Block IIA Satelliten komplettierten das Raumsegment von GPS soweit, dass im Jahr 1995 die volle Betriebsbereitschaft des Systems bekanntgegeben wurde. Der letzte Satellit dieser Serie ging erst 2019 nach 26 Dienstjahren in den wohlverdienten Ruhestand.

Ab 1997 wurden mit dem Start der als Ersatz und Ergänzung konzipierten so genannten Block IIR („replenishment": Ersatz) Satelliten begonnen, welche durch wiederum erweiterte Prozessorkapazität in der Lage sind, ihre Bahndaten durch Messungen zu den anderen Satelliten selbst zu bestimmen. Auf diese Weise können die Block IIR Satelliten etwa ein halbes Jahr lang ohne Unterstützung der Bodenstationen korrekte Daten liefern. Darüber hinaus verfügen diese Satelliten über drei weiter verbesserte Rubidium-Atomuhren, deren Ganggenauigkeit von einer Sekunde in einer Millionen Jahren für ein exaktes Funktionieren des Systems entscheidend ist. Die vielfältigen Erweiterungen haben jedoch auch die Startmasse der Block IIR Satelliten auf stolze 2000 kg zunehmen lassen. Von den zwölf erfolgreich ge-

starteten Satelliten dieser Serie sind aktuell noch sieben operationell in Betrieb, zwei weitere dienen als Reserve.

Im Jahr 2000 fasste der U.S. Kongress den Beschluss, das Global Positioning System zu modernisieren und auch neue GPS-
Satelliten entwickeln zu lassen. Am 26.09.2005 wurde der erste
Satellit vom Typ Block II R-M („modernization") gestartet; Satelliten dieses Typs sind in der Lage, mehr und andere Signale aus-
zusenden als ihre Vorgänger. Insbesondere können diese Satelliten ein zweites ziviles Signal (L2C) aussenden, welches die
Ortungsgenauigkeit deutlich verbessert. Insgesamt wurden bis
2009 acht Satelliten des Typs Block II R-M ins All geschossen.

Seit Mai 2010 wurde das Raumsegment mit weiteren zwölf
Block IIF Satelliten (das „F" steht für „follow on") erneuert und
ergänzt, da man davon ausgehen musste, dass insbesondere die
ältesten der noch in Betrieb befindlichen Block IIA Satelliten,
welche bereits seit 1992 im Dienst waren, jederzeit ausfallen
könnten (Abb. 3.4). Diese letzte Satellitengeneration des Block II
ist in der Lage, noch genauer und übertragungssicherer zu arbei-

Abb. 3.4 Block IIF Satellit. (Quelle: NASA)

ten und bietet darüber hinaus einige neue Funktionen, insbesondere einen „safety of life service" für Rettungseinsätze. Die bei Satelliten dieses neuen Typs verwendeten Prozessoren sind zudem updatefähig, die Möglichkeit der Selective Availability, der künstlichen Signalverschlechterung, ist hingegen nicht mehr gegeben. Alle Block IIF-Satelliten sind aktuell im operationellen Betrieb.

Im Dezember 2018 begann mit dem Start des ersten Block III-Satelliten eine neue Ära für das Global Positioning System. Die Satelliten dieses Typs sind gegenüber den Vorgängern technisch nochmals deutlich weiterentwickelt und können zudem an neue Softwareentwicklungen angepasst werden. Eine für zivile Nutzer wichtige Neuerung stellt das von diesen Satelliten übertragene L1C-Signal dar, welches mit den Signalen des europäischen Galileo-Systems interoperabel ist. Erstmals kamen für den Start von GPS-Satelliten mit der Falcon 9 Raketen des kommerziellen Anbieters SpaceX zum Einsatz. Von den zehn geplanten Satelliten dieser Serie sind nach einigen Verzögerungen aktuell die Hälfte im operationellen Betrieb, die restlichen fünf sollen bis Mitte des Jahrzehnts ihren Dienst antreten.

GPS-Satelliten befinden sich auf sechs um jeweils 60° gegeneinander verschobenen polaren Umlaufbahnen in 20.200 Metern Höhe über dem Erdboden. Zum Vergleich: Fernsehsatelliten wie ASTRA befinden sich in einem Geostationären Orbit (GEO) in etwa 36.000 km Höhe, Erdbeobachtungssatelliten und die Internationale Raumstation ISS sind mit nur 400 km bis 1000 km hingegen deutlich näher an der Erdoberfläche (LEO: Low Earth Orbit) (Abb. 3.5).

Die Bahnhöhe der GPS-Satelliten im „Medium Earth Orbit" (MEO) ist ein Kompromiss aus den Anforderungen, einerseits eine hohe Verfügbarkeit der Satelliten zu erzielen, ohne dabei aber andererseits ein zu schwaches Signal zu erhalten. Um mit einem Satelliten einen möglichst großen Bereich auf der Erde abdecken zu können, ist es sinnvoll, diesen möglichst weit von der Erde entfernt zu positionieren. Auf der anderen Seite ist es aber deutlich aufwändiger, einen Satelliten in höhere Umlaufbahnen zu befördern, außerdem wirkt sich ein zu großer Abstand von der Erde negativ auf die Empfangsstärke des Signals aus.

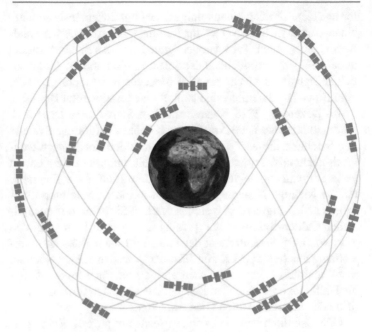

Abb. 3.5 GPS Satellitenkonstellation. (Quelle: NASA)

Die Orbits der GPS-Satelliten stellen in diesem Sinne gewissermaßen ein Optimum aus maximaler Verfügbarkeit, Unempfind-
lichkeit gegenüber natürlichen Störungen wie beispielsweise
Schwankungen im Erdmagnetfeld oder im Sonnenwind und einer
ausreichenden Empfangsstärke des Signals dar. Die Wahl von ge-
neigten Polaren Orbits stellt zudem sicher, dass auch in Polnähe
noch genügend Satelliten empfangen werden können. Jedoch
muss man dort etwas ungünstigere geometrische Konstellationen
in Kauf nehmen, da sich die Satelliten nie direkt senkrecht über
dem Empfänger befinden, das bedeutet, dass in Polnähe der Erhebungswinkel des Satelliten über dem Erdboden kleiner ist als
beispielsweise am Äquator (Abb. 3.6).

Auf Grund dieser etwas ungünstigeren Geometrie wird in
Polnähe eine etwas weniger genaue Ortung erreicht – auf die zu
Grunde liegenden Zusammenhänge wird noch eingegangen werden.

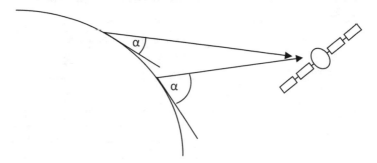

Abb. 3.6 Erhebungswinkel eines Satelliten. (Quelle: Autor)

Da zum Beispiel der Start eines einzigen Block II GPS Satelliten mit ca. 50 Millionen US-Dollar sehr teuer ist, stellte sich insbesondere nach dem Ende des kalten Krieges die Frage, wie dieser enorme Aufwand zu rechtfertigen sei – eine Frage, die eng an die Benutzergruppen des Systems gekoppelt ist: ein solcher Aufwand „rentiert" sich für die Vereinigten Staaten von Amerika umso mehr, je mehr bezahlende Nutzer zur Verfügung stehen.

3.1.3 Nutzersegment

Die Nutzergruppen von GPS könnte man unterteilen in militärische und nichtmilitärische Anwendergruppen oder auch nach dem Anspruch an Genauigkeit, welchen diese an das System haben. Dieser kann von einigen hundert Metern, wie bei der Seefahrt in offenen Gewässern, bis hin zu einigen wenigen Millimetern bei der Geodäsie oder der Geodynamik reichen. All diese Gruppen kann GPS, zum Teil unterstützt durch andere Systeme, mit den notwendigen Informationen versorgen! Einen Überblick über Anwender und erforderliche Genauigkeiten liefert Tab. 3.2.

Die geforderten Genauigkeiten sind heutzutage zumindest unter Zuhilfenahme anderer ergänzender Systeme, wie beispielsweise differenziellem GPS (vgl. Abschn. 3.4.1), vollständig erreichbar. Da die Anwendungen der Satellitennavigation mittlerweile sehr vielfältig sind, soll auf diese in einem eigenen Kapitel eingegangen werden.

Tab. 3.2 Anforderungen unterschiedlicher Nutzer an GPS

Nutzergruppe	Erforderliche Genauigkeit
Erderkundung	1–50 m
Großräumige Kartographie	0,5–5 m
Geodäsie	1–20 cm
Geodynamik	1–20 mm
Luftfahrt	
Streckenflug	
horizontale Abweichung	300 m
Höhenabweichung	60 m
Landeanflug	
horizontale Abweichung	je nach Sichtbedingungen
Höhenabweichung	6–20 m
	0,6–5,5 m
Seefahrt	
offene See	300 m
Küstenbereich	30 m
Hafen und Binnengewässer	5 m
Landverkehr	
Fernstraßen	30 m
Stadtstraßen	3 m
Schiene	3 m

3.2 Funktionsprinzip

Die Grundidee der Satellitenortung, welche bereits in Abschn. 1.1 beschrieben wurde, ist geometrisch recht anschaulich darzulegen. Die Umsetzung dieser Idee in technische Realität erfordert jedoch modernste Verfahren der Nachrichtentechnik und der Physik. Dieser Abschnitt kann daher lediglich einen Überblick über die zu Grunde liegenden Ideen und Ansätze bieten, insbesondere, da versucht wurde, auf Formeln weitgehend zu verzichten. Für eine genauere und ausführlichere Darstellung sei auf die im Anhang genannte Literatur verwiesen.

Durch Messung der Entfernung zu vier Satelliten, deren Positionen als bekannt vorausgesetzt werden müssen, kann man im dreidimensionalen Raum den Ort eines Empfängers eindeutig

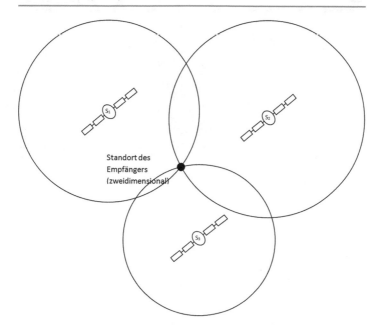

Abb. 3.7 Zweidimensionale Ortung mit Entfernungen. (Quelle Autor)

bestimmen (so genanntes Entfernungsverfahren, Abb. 3.7)): Ist die Entfernung r_1 von lediglich einem Satelliten bekannt, so weiß man, dass man sich auf einer Kugeloberfläche um den Satelliten mit dem Radius r_1 befinden muss. Die Kenntnis der Entfernung r_2 zu einem zweiten Satelliten schränkt die möglichen Aufenthaltsorte auf eine Kreislinie ein – vergleiche Tab. 3.3). Ein dritter Satellit reduziert die Unsicherheit auf zwei Punkte auf dieser Kreislinie. Wenn man nun weiß, dass das zu ortende Objekt sich auf der Erdoberfläche befindet, kommt man bereits mit drei Satelliten aus, da sich der eine der beiden Punkte im Weltall befindet – die Erdkugel ist so zu sagen die vierte Kugeloberfläche, welche die anderen drei Kugeloberflächen schneidet. Befindet sich das zu ortende Objekt jedoch in der Luft oder im erdnahen Weltraum, so ist für die Eindeutigkeit der Messung ein vierter Satellit erforderlich.

Tab. 3.3 Entfernungsverfahren

Anzhal der Satelliten	Geometrische Interpretation	Möglicher Ort des Empfängers
1 Satellit => 1 Kreislinie		Der Empfänger befindet sich auf der Kreislinie.

| 2 Satelliten => 2 Schnittpunkte | | Der Empfänger befindet sich auf einem der beiden Schnittpunkte. |

(Fortsetzung)

Tab. 3.3 (Fortsetzung)

Anzhal der Satelliten	Geometrische Interpretation	Möglicher Ort des Empfängers
3 Satelliten => 1 Schnittpunkt		Die Ortung ist in der Ebene mit drei Satelliten eindeutig.

Situation im drei-
dimensionalen Raum

Die Ortung im Raum ist
mit vier Satelliten
eindeutig.

Die Entfernungen zu den Satelliten müssen dabei möglichst genau bestimmt werden, da die Ortungsgenauigkeit maßgeblich hiervon abhängt. Und genau an dieser Stelle liegt das Problem: Wie misst man die Entfernung zu Satelliten, welche sich in über 20.000 km Höhe mit der unvorstellbaren Geschwindigkeit von 14.000 km/h bewegen, auf einige wenige Meter, zum Teil sogar wenige Zentimeter oder gar Millimeter genau? Das Lösungswort heißt Laufzeitmessung.

3.2.1 Laufzeitmessung

Vielleicht haben Sie schon mal ein Gewitter im Freien, unter Umständen sogar im Gebirge durchlebt: Man sitzt, Schutz suchend in einer Geländemulde und zählt ängstlich die Sekunden, die zwischen der optischen Wahrnehmung des Blitzes und dem darauffolgenden Donner vergehen. Der Zeitversatz zwischen Blitz und Donner entsteht bekanntermaßen dadurch, dass sich der Schall mit etwa 330 Metern pro Sekunde deutlich langsamer ausbreitet als das (Blitz-) Licht, welches in einer Sekunde sage und schreibe 299.792.458 Meter zurücklegt und damit nahezu ohne Zeitverzögerung beim ängstlichen Beobachter eintrifft. Das Sehen des Blitzes startet also unsere Stoppuhr, und wenn nun beispielsweise sechs Sekunden bis zum Eintreffen des Donners vergehen, wissen wir, dass das Gewitter – genauer: dieser eine gesehene Blitz – $6 \cdot 330$ m ≈ 2000 m $= 2$ km entfernt war. (Als Praxistipp: teilen Sie einfach die Anzahl der Sekunden durch 3, dann erhalten Sie die ungefähre Entfernung in Kilometern.)

Um die Position eines Empfängers im Raum mit Hilfe des Entfernungsverfahrens eindeutig zu bestimmen, werden **vier** Satelliten benötigt.

Dieses Verfahren wird im Allgemeinen als Laufzeitmessung bezeichnet, da man die Zeit misst, welche ein Signal, in diesem Fall der akustisch wahrnehmbare Donner, benötigt, um eine bestimmte Strecke zu durchlaufen. Allerdings sei bereits hier erwähnt, dass dieses Verfahren nur dann funktionieren kann, wenn die Ausbreitungsgeschwindigkeit des Signals konstant ist. Diese Forderung ist in der Realität nur selten ganz exakt zu erfüllen. Beispielsweise ist die Schallgeschwindigkeit in Luft von der Temperatur und dem Luftdruck abhängig und damit eben nicht immer und überall gleich groß. Wir werden aber von diesem Effekt im Allgemeinen nichts bemerken, da unsere Messung (Sekunden „zählen") zu ungenau ist und ein nicht ganz exakter Wert der Messung („ungefähr zwei Kilometer") für den Zweck der Gefahreneinschätzung bei einem Gewitter ausreichend ist.

Das Prinzip der Laufzeitmessung wird auch bei der Satellitennavigation angewandt: Man misst die Dauer, welche ein Funksignal eines Satelliten benötigt, um zu einem Empfänger zu gelangen. Jedoch breitet sich ein Funksignal mit Lichtgeschwindigkeit, also fast 300.000 Kilometern pro Sekunde, äußerst schnell aus, was die Anforderungen an die Exaktheit der Laufzeitmessung drastisch erhöht. Zum Beispiel würde man bei einem Messfehler von nur einer Millionstel Sekunde bereits einen um 300 Meter falschen Abstand messen – ein zur exakten Navigation vollkommen unbrauchbarer Wert also. Wenn Sie sich eine Millionstel Sekunde nicht vorstellen können: Ein wirklich äußerst guter Chronometer geht in einem Monat ca. eine Sekunde falsch, was in etwa einer Millionstel Sekunde Fehler pro Sekunde entspricht. Was bedeutet: Würde man Satellitennavigation mit Hilfe von Chronometern betreiben, so würde man pro Sekunde einen Navigationsfehler von etwa 300 Metern erzeugen!

Um möglichst exakte Laufzeiten zu erhalten, ist es also erforderlich, möglichst gute Uhren, konkret solche mit sehr hoher Ganggenauigkeit zu verwenden. Auf den Satelliten wird dies durch Atomuhren, so genannte Frequenznormale, bewerkstelligt. Die gebräuchlichsten sind Cäsium-, Rubidium- und Wasserstoff-Normale. Letztere werden auf Grund des speziellen Messverfahrens auch Wasserstoffmaser genannt. Da die Uhrentechnik für die Satellitennavigation eine entscheidende Rolle spielt, soll das Verfahren im Folgenden in aller Kürze erläutert werden.

3.2.2 Atomuhren

Jede Art von Uhr besteht im Wesentlichen aus einer Frequenz-
normalen, also einem Bauteil, das möglichst regelmäßig „Tick-
Tack" macht, und einem Zählwerk, welches zählt, wie oft bereits
„Tick-Tack" gemacht wurde. Als Frequenznormale wurden in den
vergangenen Jahrhunderten verschiedenste mechanische oder
elektronische Aufbauten verwendet. Sehr anschaulich wird das
Prinzip bei einer Pendeluhr realisiert: Das Pendel schwingt in Abhängigkeit von der Pendellänge sehr gleichmäßig mit einer recht
konstanten Frequenz. Ein Pendel der Länge 25 cm würde beispielsweise in ziemlich genau einer Sekunde einmal hin und her
schwingen. Wollte man daraus eine Stunde ableiten, so müsste
man einfach $60 \cdot 60 = 3600$ volle Schwingungen abwarten.

Es ist naheliegend, dass die Ganggenauigkeit einer Uhr daher
von der Gleichmäßigkeit des „Tick-Tacks" und von der Präzision
des Zählwerks abhängt. Während letzteres in erster Linie ein tech-
nisches Problem darstellt, ist die erstgenannte Fragestellung phy-
sikalischer Natur: Die Gleichmäßigkeit einer Pendelschwingung
wird beispielsweise physikalisch durch die ortsabhängige An-
ziehungskraft der Erde aber auch durch Erschütterungen und
sogar Unterschiede in der Rotationsgeschwindigkeit der Erde be-
einträchtigt. Obendrein stellt ein jedes Zählwerk bei einer Pendeluhr zwangsläufig einen Eingriff in die Pendelschwingung dar:
Irgendwie muss das Zählwerk ja mechanisch mit dem Pendel verbunden sein.

Ganze Generationen von Uhrmachern haben sich der Herausforderung gewidmet, immer präzisere mechanische Uhren zu entwickeln und zu bauen – zum Teil mit beeindruckenden Ergebnissen.
So war beispielsweise bis zur Erfindung temperaturstabilisierter
elektrischer Quarzuhren die 1921 von dem englischen Ingenieur
William Hamilton Shortt entwickelte und überaus aufwändig ge-
fertigte Shortt-Uhr mit einer Ganggenauigkeit von einigen Milli-
sekunden pro Tag die präziseste Uhr der Welt.

Ein noch gleichmäßigeres „Tick-Tack", also eine noch gleich-
mäßigere Grundfrequenz, kann von so genannten Schwing-
quarzen, welche elektromagnetische Schwingungen verursachen

können, zur Verfügung gestellt werden. Auf diesem Prinzip basierende Quarzuhren wurden in den 1930er-Jahren von den deutschen Physikern Adolf Scheibe und Udo Adelsberger entwickelt. Sie waren so präzise, dass mit ihnen erstmals nachgewiesen werden konnte, dass die Erdrotation ungleichmäßig ist, ein Tag also nicht immer exakt 24 Stunden dauert. Käufliche Quarzuhren erreichen heutzutage Ganggenauigkeiten von einer bis zu einer hundertstel Sekunde pro Tag. Quarzuhren stellen auf Grund ihrer mittlerweile sehr einfachen und kostengünstigen Produzierbarkeit einen Großteil der in unserem Alltag verwendeten Uhren.

Eine nochmals deutlich größere Präzision liefern Atomuhren, welche mit Ganggenauigkeiten von 1 zu 10^{-15} rein rechnerisch in 30 Millionen Jahren lediglich eine Sekunde falsch gehen (Abb. 3.8)! Diese enorme Ganggenauigkeit wird mit Hilfe der so genannten charakteristischen Frequenzen von Atomen erreicht. Dabei handelt es sich um ein atomphysikalisches Grundprinzip, das man zwar im Alltag durchaus wahrnimmt, dessen Beschreibung aber moderne Quantenphysik erfordert.

Abb. 3.8 Blick ins Innere einer Atomuhr

Haben Sie sich schon einmal gefragt, warum manche Rosen rot und andere wiederum gelb sind? Oder: Warum ist der Himmel meist blau und manchmal rot? Anders gefragt: Woher kommen eigentlich die viele Farben, die unsere Welt so schön bunt machen? Die Antwort ist, sie entstehen durch die Wechselwirkung des Sonnenlichtes mit Materie, genauer: Mit den Atomen und Molekülen, aus welchen die Materie besteht. Im Sonnenlicht sind (nahezu) alle Farben enthalten. Dies sieht man sehr schön, wenn Sonnenlicht, beispielsweise bei einem Regenbogen, gebrochen und in seine so genannten Spektralfarben aufgespalten wird. Das Sonnenspektrum scheint dabei als kontinuierlich von rot über alle Regenbogenfarben bis nach blau und schließlich violett ohne Unterbrechung überzugehen. Ein solches kontinuierliches Spektrum entsteht durch sehr heiß glühende Körper – in diesem Fall die mit fast 6000 °C glühende Sonnenoberfläche. Zum sichtbaren Sonnenlicht kommen natürlich auch noch unsichtbare Strahlungsanteile wie die UV- oder Infrarotstrahlung hinzu. Diese blenden wir hier aber zugunsten der Anschaulichkeit aus.

Nun bemerkt man jedoch bei genauerer Betrachtung, dass das Sonnenspektrum nicht ganz exakt kontinuierlich ist: Es gibt einzelne Stellen, die dunkel sind, Farben, welche also scheinbar nicht von der Sonne bis zur Erde gelangen. Diese nach dem Münchner Optiker Joseph Fraunhofer benannten Fraunhoferlinien sind erst mit der modernen Atomphysik zu verstehen: Man beobachtet, dass jedes Atom oder Molekül nur Licht mit ganz bestimmten Farben beziehungsweise Wellenlängen aufnehmen und abgeben kann. Für andere Farben ist es nicht geeignet. So kann beispielsweise das Wasserstoffatom im sichtbaren Bereich nur Licht mit den Farben violett, blau-grün und rot – oder genauer – mit exakt den zugehörigen Wellenlängen aufnehmen oder abgeben.

Und genau diese Farben sind es, die unter anderem im Sonnenspektrum fehlen! Der Grund liegt schlicht und einfach in der Zusammensetzung der unteren Sonnenatmosphäre, der so genannten Photosphäre, welche größtenteils aus Wasserstoff besteht. Dieser absorbiert das vom Sonneninneren kommende Licht exakt bei seinen „charakteristischen" Wellenlängen und strahlt es dann in alle Richtungen wieder ab, also auch zurück ins Sonneninnere – die in diesem Frequenzbereich ausgesandte Strahlung wird also geschwächt, und so entstehen die dunklen Fraunhoferlinien. Auch die Atmosphäre der Erde spielt hierbei eine Rolle, da auch diese bestimmte „Farben" des Sonnenlichts Schluckt.

Man nutzt dieses Prinzip beispielsweise bei der Spektroskopie, bei welcher man durch das von bestimmten Oberflächen reflektierte oder absorbierte Licht auf die Beschaffenheit der dort vorkommenden Materie schließt – viele Methoden der Satellitenfernerkundung basieren auf diesem Verfahren.

Wenn man das Verfahren jedoch einfach umkehrt, wenn man also bereits genau weiß, um welches Material es sich handelt, welches da strahlt, so kann man sehr genau vorhersagen, welche Wellenlänge oder Frequenz die emittierte Strahlung hat und genau diesen Umstand nutzt man bei einer Atomuhr.

Cäsiumatome, welche sich in einem energetischen Grundzustand befinden, werden mit elektromagnetischer Mikrowellenstrahlung bestrahlt. Erst wenn die Frequenz der Mikrowellen genau einer ganz bestimmten charakteristischen Frequenz der verwendeten Atome (zum Beispiel bei Cäsium 9.192.631.77 MHz) entspricht, können diese die Energie aufnehmen und auch wieder abgeben – und das kann man messen. Die Atome einer Atomuhr dienen somit dem Einstellen der Frequenz auf einen ganz bestimmten, nur von der Quantenphysik der Atome vorgegebenen Wert. Da dieser von fast allen anderen Einflussgrößen unabhängig ist, erhält man so überaus stabile und exakte Frequenzen und damit ein enorm gleichmäßiges „Tick-Tack" der Atomuhr. Um im Bild zu bleiben, macht eine Cäsiumatomuhr pro Sekunde 9.192.631.770 mal „Tick-Tack" und dies so gleichmäßig, dass man seit 1967 die Sekunde selbst über diese charakteristische Frequenz des Cäsiumatoms definiert!

Atomuhren sind seit den Sechzigerjahren des 20. Jahrhunderts im Einsatz und dienen zum einen wissenschaftlichen Untersuchungen – so wurden beispielsweise die Einstein'schen Relativitätstheorien mit Hilfe von Atomuhren eindrucksvoll bestätigt – zum anderen definieren sie die Weltzeit UTC (Universal Time Coordinated). Die Wissenschaftler der Physikalisch Technischen Bundesanstalt PTB in Braunschweig sind mit ihren überaus präzisen „Cäsiumfontänen", zwei besonders genauen Atomuhren, beispielsweise für die Genauigkeit der Uhrzeit in Mitteleuropa verantwortlich.

Ein besonders wichtiges Anwendungsgebiet für Atomuhren
stellt die Satellitennavigation dar. Zur Bestimmung der Entfernung Empfänger – Satellit misst man die Laufzeit, welche ein
Funksignal benötigt, um vom Satellit zum Empfänger zu gelangen. Da die gemessenen Laufzeiten nun mit dem immens großen Betrag der Lichtgeschwindigkeit von fast 300 Millionen
Meter pro Sekunde multipliziert werden müssen, werden die genauesten Uhren benötigt, die zur Verfügung stehen: Hätte die verwendete Uhr eine Ganggenauigkeit von lediglich einer Millionstel Sekunde pro Sekunde, so würde diese sekündlich einen
Messfehler von 300 m erzeugen! Zum Vergleich: die genauesten
derzeit käuflichen Quarzuhren erreichen Ganggenauigkeiten im
Bereich von zehntel Millionstel Sekunden (10^{-7}). Der Ent-
fernungsfehler beliefe sich mit solchen für den Alltagsgebrauch
überaus genauen Uhren auf etwa 30 m pro Sekunde.

Sogar mit den hochpräzisen Atomuhren, welche bei GPS im
Einsatz sind, ist es nur eine Frage der Zeit, bis durch Gang-
ungenauigkeiten ein Messfehler dieser Größenordnung entsteht.
Nun ist jedoch glücklicher Weise für eine präzise Satellitenortung
nicht die Genauigkeit der „absoluten Zeitmessung", also der genauen „Uhrzeit", entscheidend, sondern vielmehr die Frage, wie
gut die Satellitenuhren untereinander synchronisiert sind. Oder
anders gesagt: Wie spät ist es auf der Uhr von Satellit A, wenn es
bei Satellit B sagen wir 12:00 Uhr ist? Um diesen Umstand zu
verstehen, muss man sich das Mess- beziehungsweise Ortungsverfahren bei GPS noch etwas genauer ansehen.

3.2.3 Informationsübertragung mit elektromagnetischen Wellen

Im Folgenden wird häufig die Rede von elektromagnetischen
(Funk-)Wellen sein, daher sollten im Vorfeld einige Grundbegriffe
geklärt werden. Elektromagnetische Wellen entstehen immer
dann, wenn elektrische Ladungen beschleunigt (oder abgebremst
oder umgelenkt) werden. Sie kommen dabei ganz natürlich in
unterschiedlichsten „Formen" vor. Zur Beschreibung von Wellen
hat es sich als praktikabel herausgestellt, die Anzahl ihrer Wieder-
holungen pro Sekunde – die so genannte Frequenz f – zu betrachten.

Tab. 3.4 Vorsilben (Präfixe) für große Zahlen

Frequenz	1 kHz	1 MHz	1 GHz
	1000 Hz	1.000.000 Hz	1.000.000.000 Hz

Man gibt sie in der Einheit Hertz oder kurz Hz an. Dabei gilt: Wenn eine Welle eine Frequenz von 1 Hz hat, bedeutet das, dass sie in einer Sekunde einen kompletten Durchgang, man sagt auch einen kompletten Wellenzug, durchläuft.

Da elektromagnetische Wellen zum Teil sehr hohe Frequenzen haben können, verwendet man Kurzschreibweisen mit den Präfixen „Kilo", „Mega" und „Giga", deren Bedeutung in Tab. 3.4 wiedergegeben ist.

Die Einheiten der Frequenz von Wellen sind übrigens genau dieselben, wie diejenigen zur Beschreibung der Geschwindigkeit von PCs – nicht umsonst spricht man in diesem Zusammenhang auch von der Taktfrequenz. Während diese bei Computern die Anzahl der pro Sekunde zu bewältigenden Rechenschritte beschreibt, gibt sie bei Wellen an, wie viele Schwingungen die Welle pro Sekunde durchläuft. Die Dauer einer einzigen Schwingung einer Welle wird als deren Periodendauer bezeichnet, und es gilt der einfache indirekt proportionale Zusammenhang, dass je kleiner die Periodendauer ist, desto größer die Frequenz der Welle. Große Frequenzen entstehen, wenn elektrische Ladungen auf sehr kurze Distanz sehr stark beschleunigt werden, kleinere Frequenzen, wenn die Distanzen größer sind. Dies ist vereinfacht gesprochen auch der Grund, warum die Antennen für hochfrequente Wellen, beispielsweise beim W-LAN (GHz-Bereich), eher klein sind, solche für niedrigere Frequenzen, beispielsweise Langwellen (kHz-Bereich), sehr groß.

Nun haben elektromagnetische Wellen die nützliche Eigenschaft, sich in den Raum auszubreiten. Je nach Beschaffenheit des Senders beziehungsweise der Antenne, kann dies gerichtet erfolgen oder gleichmäßig in alle Richtungen des Raumes. Allen elektromagnetischen Wellen gemein ist dabei ihre Ausbreitungsgeschwindigkeit, die Lichtgeschwindigkeit. Diese ist völlig unabhängig von der Frequenz der Welle und richtet sich lediglich nach dem Material, welches von der elektromagnetischen Welle durchdrungen wird. Die größte Ausbreitungsgeschwindigkeit $c = 299.792.458$ m/s erreichen elektromagnetische Wellen im Va-

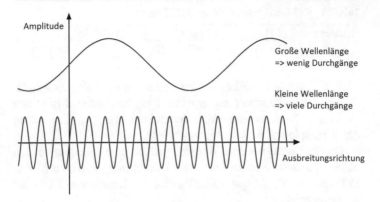

Abb. 3.9 Zusammenhang zwischen Wellenlänge und Frequenz. (Quelle: Autor)

kuum. Wie Albert Einstein in seiner Relativitätstheorie feststellte, ist dies übrigens auch die höchste überhaupt erreichbare Geschwindigkeit für jede Art von Materie oder Energie.

Der Weg, der von einer Welle bei einer vollständigen Schwingung durchlaufen wird, heißt Wellenlänge λ. Sie wird in Metern gemessen. Da sich elektromagnetischen Wellen mit der konstanten Geschwindigkeit c ausbreiten, ist die Wellenlänge einer Weller umso kleiner, je größer deren Frequenz ist (Abb. 3.9).

Die Wellenlänge und die Frequenz von elektromagnetischen Wellen sind über die Lichtgeschwindigkeit untrennbar aneinander gekoppelt und daher werden beide Begriffe auch gleichberechtigt zur Beschreibung von Wellen verwendet. Dabei ist übrigens keine echte Systematik erkennbar, in welchem Zusammenhang man die Welle durch ihre Frequenz und wann durch ihre Wellenlänge beschreibt, die Verwendung ist eher von historischen Faktoren abhängig. Im Rahmen der Satellitennavigation spricht man, wie meist bei Funkanwendungen, von der Frequenz der entsprechenden Wellen.

Die Satellitensignale werden mit zwei unterschiedlichen Grundfrequenzen, den so genannten Trägerfrequenzen, L1 = 1575,42 MHz und L2 = 1227,60 MHz übertragen, welche direkt aus der Grundfrequenz der Atomuhren von 10,23 MHz abgeleitet werden. Wie bei fast allen Anwendungen der Funktechnik wird

auch bei der Satellitennavigation eine so genannte Trägerwelle
(L1 und L2) ausgesandt, auf welche die Informationen auf-
gespielt, man sagt „aufmoduliert", werden. Diese Modulation
kann auf verschiedene Arten erfolgen:

Amplitudenmodulation
Hierbei wird zuerst die zu übertragende Information in ein elek-
trisches Signal, das bedeutet, in eine wechselnde Spannung um-
gewandelt. Dies kann zum Beispiel beim Radio durch ein
Mikrofon erfolgen. Dieses elektrische Signal wird nun einer
Funkwelle mit bestimmter Frequenz überlagert, man sagt „aufmoduliert" und die so veränderte Welle wird abgestrahlt. Ein
Funkempfänger muss nun die modulierte Welle empfangen und
die Trägerwelle herausfiltern, um das ursprüngliche Signal, also
die eigentlich interessante Information, zu erhalten. Bei der
Amplitudenmodulation ist die Spannung des zu übertragenden
elektrischen Signals proportional zur Intensität, also zur Amplitude der Trägerwelle: Je größer die Amplitude der Trägerwelle,
desto höher ist die Spannung des zu übertragenden Signals
(Abb. 3.10).

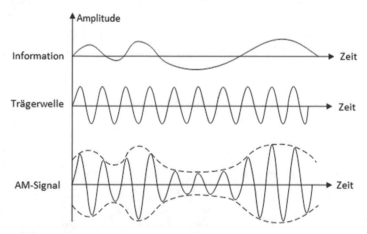

Abb. 3.10 Amplitudenmodulation. (Quelle: Autor)

Die Amplitudenmodulation findet in vielen Bereichen der Signalübertragung Anwendung, beispielsweise im Rundfunk, beim Fernsehen, bei der Flugnavigation und beim Amateurfunk. Die Amplitudenmodulation lässt sich schaltungstechnisch recht einfach realisieren, ist jedoch für die Übertragung von digitalen Daten nicht sonderlich gut geeignet, da sie als anfällig gegen atmosphärischen und technischen Störungen gilt. Für die Satellitennavigation ist sie daher ungeeignet.

Frequenzmodulation
Eine zweite Möglichkeit, Daten mit Funkwellen zu übertragen, stellt die Frequenzmodulation dar. Bei dieser wird nicht die Amplitude, also der Ausschlag der Trägerwelle, manipuliert, sondern deren Frequenz, also so zusagen die „Breite" der Welle. Am einfachsten veranschaulicht man sich das Verfahren wieder mit einer Abbildung (Abb. 3.11).

Die Frequenz des modulierten Signals ist dabei proportional zum elektrischen Signal der Information – genauer – dessen Spannung. Auch die Frequenzmodulation wird bei vielen Funk-Anwendungen genutzt. So setzt beispielsweise der UKW-Hörfunk auf dieses Übertragungsprinzip, da so ein relativ störungsfreier Empfang mit hoher Tonqualität und entsprechend großer Übertragungsrate sichergestellt wird.

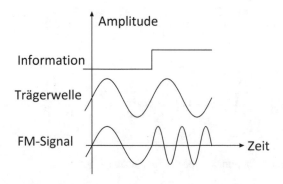

Abb. 3.11   Frequenzmodulation. (Quelle: Autor)

Für die Satellitennavigation ist jedoch auch dieses Verfahren nicht ideal, ein drittes Modulationsverfahren hat sich als besser herausgestellt.

Phasenmodulation
Sinusförmige Wellen haben die Eigenart, sich nach einer bestimmten Zeit, der Periodendauer, kontinuierlich zu wiederholen. Man könnte also sagen, dass sich alles Wesentliche im Leben einer Sinuswelle innerhalb einer Periodendauer abspielt, der Rest ist Wiederholung. Die Phase der Welle gibt dabei an, wo sie sich gerade innerhalb einer Periodendauer befindet. Besonders herausragende Punkte sind die Nulldurchgänge sowie die Hoch- und Tiefpunkte (Wellenberge- und Wellentäler). Da Sinus- und Kosinusfunktionen mathematisch gesehen Winkelfunktionen sind, werden ihre Zustände durch Winkel beschrieben.

An Abb. 3.12 erkennt man, dass sich die Sinuskurve nach 360° zu wiederholen beginnt, wohingegen sie nach 180° an der horizontalen Achse gespiegelt wird. Eine solche Spiegelung wird auch als 180°-Phasensprung bezeichnet. Ein Phasensprung einer Welle kann mit modernen Messverfahren sehr gut festgestellt werden. Da er zudem ideal geeignet ist, um die zwei Zustände „AN" und „AUS" oder eben „0" und „1" zu beschreiben, ist die Phasenumtastung (englisch: Phase Shift Keying, PSK) ein ideales Verfahren zur Übermittlung binärer, also digitaler Daten (BPSK: Binary Phase Shift Keying, Phasenumtastung um 180°).

Das BPSK-Verfahren hat sich in der Praxis als ideal für die Anforderungen von Satellitenortungssystemen herausgestellt und

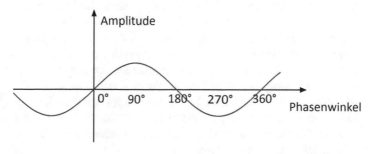

Abb. 3.12 Phasenwinkel. (Quelle: Autor)

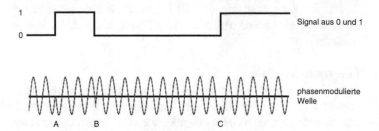

Abb. 3.13 Phasenmodulation schematisch. (Quelle: Autor)

wird bei allen modernen Globalen Satellitenortungssystemen zur Übertragung von Nachrichten eingesetzt (Abb. 3.13).

Die Wahl der Frequenz der Trägerwelle zu L1 = 1575,42 MHz und L2 = 1227,60 MHz ist nicht zufällig, sondern durch verschiedene Einflüsse bestimmt: Einerseits ist es von Vorteil, möglichst große Frequenzen zu verwenden, da dadurch eine höhere Datenübertragungsrate und eine bessere Empfangsleistung sichergestellt werden, andererseits werden die unteren Atmosphärenschichten mit zunehmender Frequenz immer undurchlässiger, so dass Frequenzen ab ca. 5 GHz bereits zu größeren Beeinträchtigungen führen, ab etwa 10 GHz muss mit abbrechender Funkverbindung, insbesondere bei Bewölkung, gerechnet werden. Funkfrequenzen zwischen 1 GHz und 2 GHz (das so genannte L-Band) haben sich daher als guter Kompromiss erwiesen.

Die Frequenzen L1 und L2 standen bei GPS unterschiedlichen Anwendergruppen zur Verfügung: Während das US-Militär von Anfang an mit beiden Frequenzen arbeiten konnte, waren zivile Nutzer lediglich bestimmte Informationen zugänglich, welche mit L1 gesendet werden. Dies hat sich mittlerweile mit der Einführung der Übertragung der L2C-Signale durch die Satelliten ab der Baureihe Block IIR-M zugunsten der zivilen Nutzer geändert. Der Vorteil der Verwendung von zwei unterschiedlichen Frequenzen ist, dass man bestimmte Störeinflüsse der Atmosphäre – genauer: der Ionosphäre – auf diese Weise eliminieren kann. Die physikalischen Hintergründe hierzu werden im Abschn. 3.3.2 erläutert. GPS konnte lange Zeit von unterschiedlichen Nutzergruppen (militärisch bzw. zivil) in zwei unterschiedlichen Genauigkeitsstufen genutzt werden:

1. Ein Standard-Ortungsservice (Standard Positioning Service, SPS)

Das hierbei verwendete Signal ist eine kodierte Impulsfolge mit der Bezeichnung C/A-Code, was für clear/access oder auch coarse/access (also freier Zugang oder grober Zugang) steht. Dieser Code, welcher grundsätzlich seit Beginn des GPS allen Nutzern zur Verfügung steht, liefert einerseits bereits alle zur Satellitenortung erforderlichen Daten, andererseits aber auch wichtige Informationen für den zweiten durch GPS zur Verfügung gestellten Service.

2. Präzisions-Ortungsservice (Precise Positioning Service, PPS)

Auch hier wird eine kodierte Impulsfolge verwendet, deren Code als P-Code bezeichnet wird. Im Gegensatz zum C/A-Code ist der P-Code nur autorisierten Nutzern zugängig und bleibt daher in erster Linie dem US-Militär vorbehalten.

Während die Frequenz L1 sowohl für den frei zugänglichen C/A-Code als auch für den verschlüsselten P-Code verwendet wird, wurde auf L2 ursprünglich nur der für Zivilpersonen nicht nutzbare P-Code übertragen. Dieser steht zivilen Anwendungen auch weiterhin nicht zur Verfügung. Um die Vorteile zweier Frequenzen auch für Zivilpersonen verfügbar zu machen, senden GPS Satelliten neuerer Generationen (ab Block IIR-M) ein zweites ziviles und frei zugängliches Signal namens L2C aus. Neueste GPS-Satelliten ab Block III sind zudem in der Lage ein noch weiter verbessertes ziviles Signal (L1C) auszustrahlen. Dieses ist mit dem ursprünglichen L1 C/A-Code abwärtskompatibel aber darüber hinaus stärker, störsicherer und mit den Signalen des Galileo-Systems interoperabel.

Ein weiteres GPS-Signal (L5), das insbesondere mehr Übertragungssicherheit für lebenskritische Anwendungen in der Luftfahrt bietet, ist derzeit in der Entwicklung und wird von allen 16 moderneren Satelliten ab Block IIF ausgesendet. Es ist allerdings noch nicht operationell im Betrieb und damit noch nicht für sicherheitskritische Anwendungen zertifiziert. Ein Vorteil des verschlüsselten und nicht frei empfangbaren P-Codes, war und ist dessen enorme Störsicherheit gegenüber natürlichen und künstlichen Einflüssen, welche in seiner Länge begründet ist. Auch das L5-Signal soll eine besondere Übertragungssicherheit gewährleisten. Erreicht wird dies durch die Nutzung eines speziellen, für die Luftfahrtnavigation reservierten Frequenzbandes und durch eine besondere Signalstruktur unter Verwendung modernster Kodierungsverfahren.

Diese Verfahren sind zunehmend komplex und für Laien nur noch sehr schwer zu verstehen. Daher soll im Folgenden ausschließlich auf den noch allgemeinverständlichen C/A-Code und die damit übertragenen Informationen etwas genauer eingegangen werden. Da auch in diesem vergleichsweise einfachen Fall die zu Grunde liegende Nachrichtentechnik im Detail bereits überaus komplex ist, muss eine Beschränkung auf wesentliche Prinzipien erfolgen.

3.2.4 Satellitensignale und Navigationsmitteilung

Das Ziel der Signalübertragung ist aus den vorangegangenen Abschnitten klar: Mit Hilfe der Satellitensignale soll die Signallaufzeit vom Satellit zum Empfänger bestimmt werden. Darüber hinaus benötigt der Empfänger jedoch noch einige weitere Informationen:

1. Die Bahndaten der Satelliten als Bezugspunkte,
2. Informationen zum Systemstatus zur Kontrolle und Bewertung der Messung,
3. Verschiedene Korrekturparameter

Die Satellitensignale dienen also neben der Messung der Laufzeit auch der Übertragung von Informationen. Diese Übertragung findet mit 50 Bit pro Sekunde statt, was aus heutiger Sicht eine sehr langsame Übertragungsrate darstellt – UMTS, also Internet über das Mobilfunknetz, überträgt Daten mit über 40 MBit pro Sekunde, also nahezu 800.000-mal so viel. Der neue 5G-Standard soll sogar Raten von bis zu 10 Gbit/s und mehr erreichen und damit noch. Allerdings sind hierbei auch nur deutlich kleinere Distanzen zu überbrücken. Nun ist jedoch auch der bei GPS zu übertragende Datensatz nicht sonderlich umfangreich, so dass sich die geringe Übertragungsrate nicht negativ auswirkt: Man muss letztlich in den meisten Anwendungsfällen nur wenige Sekunden warten, um eine Ortung durchführen zu können.

Die gesamte Navigationsmitteilung ist ein Datensatz von 37,5 kBit und sie ist unterteilt in 25 „Rahmen" (Frames) zu je 1500 Bit. Die Übertragung eines solchen Rahmens dauert bei 50 Bit/s demnach 30 Sekunden. Allerdings benötigt ein GPS Empfänger nur bei einem „Kaltstart" den gesamten Datensatz aller 25 Rahmen, welcher Informationen über das gesamte System, also insbesondere alle Satellitenbahnen enthält. Ein solcher Kaltstart ist immer dann erforderlich, wenn der Empfänger längere Zeit ausgeschaltet war, so dass die gespeicherten Bahndaten der Satelliten stark veraltet sind. Auch wenn man sich seit dem letzten Einschalten des Empfängers sehr weit (ca. 300 km) vom ursprünglichen Standort entfernt hat, ist ein Kaltstart erforderlich, welcher dann eben maximal 12,5 Minuten dauert. Navigationssysteme, wie beispielsweise in Smartphones können dieses Problem elegant dadurch umgehen, dass sie den aktuellen GPS-Datensatz über das Internet abrufen, wodurch eine deutlich schnellere Ortung bei einem Kaltstart möglich ist.

GPS ist aber so konzipiert, dass es als Standalone-System ohne weiter Informationen funktioniert, auch wenn das ggf. zum Starten etwas mehr Zeit benötigt. In den meisten Fällen ist es ohnehin ausreichend, einen der 1500 Bit Rahmen zu empfangen, um die Ortung durchführen zu können, da sich die Empfänger die einmal empfangenen Bahndaten etc. merken können. Die Rahmen sind unterteilt in 5 Unterrahmen (Subframes), deren Struktur die Graphik (Abb. 3.14) wiedergibt.

Jeder Unterrahmen ist wiederum unterteilt in 10 „Worte" (words). Zu Beginn jedes Unterrahmens wird das „Telemetriewort" TLM und anschließend das „Übergabewort" (Hand Over Word, HOW) übertragen. Beide stehen nur autorisierten Nutzergruppen zur Verfügung und erleichtern einen schnellen Zugriff auf die Navigationsmitteilung beziehungsweise auf die mit dem erwähnten P-Code übertragene Navigationsmitteilung. Die für

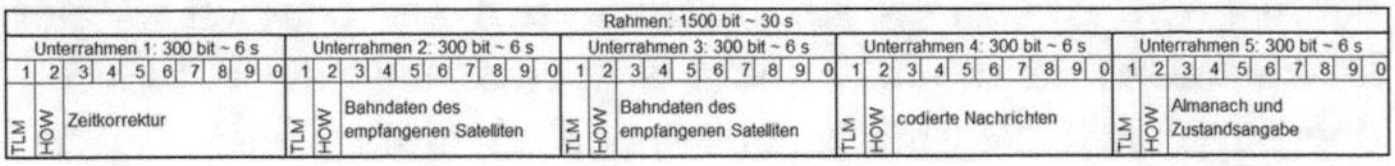

Rahmen: 1500 bit ~ 30 s				
Unterrahmen 1: 300 bit ~ 6 s	Unterrahmen 2: 300 bit ~ 6 s	Unterrahmen 3: 300 bit ~ 6 s	Unterrahmen 4: 300 bit ~ 6 s	Unterrahmen 5: 300 bit ~ 6 s
1 2 3 4 5 6 7 8 9 0	1 2 3 4 5 6 7 8 9 0	1 2 3 4 5 6 7 8 9 0	1 2 3 4 5 6 7 8 9 0	1 2 3 4 5 6 7 8 9 0
TLM HOW Zeitkorrektur	TLM HOW Bahndaten des empfangenen Satelliten	TLM HOW Bahndaten des empfangenen Satelliten	TLM HOW codierte Nachrichten	TLM HOW Almanach und Zustandsangabe

Abb. 3.14 Datenrahmen der Navigationsmitteilung. (Quelle: Autor)

alle Nutzer zugänglichen Daten der Unterrahmen sind im Wesentlichen:

Unterrahmen 1 enthält Korrekturparameter für die Satellitenzeit und die Laufzeitverzögerung. Obwohl die Satellitenuhren äußerst genau sind, sind diese Korrekturen erforderlich, da alle Satellitenuhren frei, also nach ihrer eigenen Zeit laufen. Es würden sich mit der Zeit zwangsläufig zwar kleine, aber doch in der Summe erhebliche Unterschiede zwischen den einzelnen Satellitenuhren ergeben, so dass diese über kurz oder lang nicht mehr synchron liefen. Darüber hinaus entspricht die GPS-Systemzeit nicht der gebräuchlichen Weltzeit UTC, beinhaltet also beispielsweise keine Schaltsekunden. Um hier eine Übereinstimmung beim Empfänger zu erzielen, müssen ihm diese Unterschiede mitgeteilt werden.

Unterrahmen 2 und 3 enthalten die Ephemeridendaten des empfangenen GPS-Satelliten, also neben dessen Bahndaten auch Korrekturparameter und Geschwindigkeitsangaben.

Unterrahmen 4 enthält insbesondere Korrekturparameter für atmosphärische Störungen sowie einen Almanach mit Bahndaten der GPS-Satelliten. Diese Daten sind weniger genau aber auch weniger umfangreich als die für den aktuellen Satelliten, welche in Unterrahmen 2 und 3 übertragen werden.

Mit dem letzten Unterrahmen werden schließlich weitere Almanachdaten sowie präzisere Bahndaten eines mit großer Wahrscheinlichkeit ebenfalls sichtbaren Satelliten empfangen.

Die in den Unterrahmen 4 und 5 übertragenen Almanachdaten wechseln mit jedem der 25 Rahmen nach und nach, so dass nach Empfang aller 25 Rahmen die exakten Bahndaten aller GPS-Satelliten bekannt sind. Diese Bahndaten werden normalerweise von modernen GPS-Empfängern gespeichert, wodurch man nicht jedes Mal den Empfang des gesamten Datensatzes abwarten muss. Sind die Bahndaten jedoch veraltet oder passen durch einen großen Ortswechsel nicht mehr zum neuen Empfängerstandort, muss die Übertragung des gesamten Datensatzes abgewartet werden. Je nachdem, wie gut die im Empfänger gespeicherten Daten mit der realen Situation übereinstimmen, wird man also mehr oder weniger lange warten müssen, um eine Ortung durchführen zu können.

Eine große Herausforderung stellt es dar, die Satellitensignale störungsfrei über eine Distanz von etwa 20.000 km zu übertragen. Nach dem Abstandsgesetz nimmt die Empfangsleistung quadratisch mit dem Abstand zum Sender ab, das bedeutet, dass bei einer Verdoppelung des Abstandes nur noch ein Viertel der ursprünglich ausgesandten Leistung zur Verfügung steht. Die GPS-Satelliten senden mit etwa 25 Watt Ausgangsleistung. Durch Antennengewinn stehen etwa 500 Watt zur Verfügung. Auf Grund der großen Entfernung kommt davon jedoch bei uns auf der Erde nur noch eine äußerst schwache Intensität an, deren Empfang erst mit Mitteln der modernen Nachrichtentechnik möglich ist.

3.2.5 Pseudozufalls Codes und Autokorrelation

Wie so oft ist die Grundidee einfach zu verstehen, die Umsetzung jedoch überaus komplex. Denken Sie an einen lauten Kneipenabend. Sie sind mit einem Freund oder einer Freundin in ein Gespräch vertieft, obwohl der Sie umgebende Lärmpegel beachtlich ist. Dennoch gelingt es Ihnen bis zu einem gewissen Grad, das Gespräch fortzusetzen, da unser Gehirn in der Lage ist, sich auf bekannte Muster zu fokussieren und andere Geräusche auszublenden. Die gleiche Situation würde sich als deutlich schwerer herausstellen, wenn der Gesprächspartner in einer weniger gut bekannten Sprache sprechen würde, da es uns dann schwerer fiele, die richtigen Zusammenhänge selbst zu konstruieren, das bedeutet, die Worte entsprechend einzuordnen. Die Sprache dient also als eine Art Kodierung für die zu übertragende Information.

Bei GPS, sowie allen anderen modernen Satellitenortungssystemen und einer ganzen Reihe anderer Anwendungen der Nachrichtenübertragung, wird ein ähnliches Prinzip verfolgt. Die Trägerwelle wird mit einem Kode gleichermaßen markiert und diese Markierung wird vom Empfänger gezielt gesucht. Selbstredend muss dazu der verwendete Code empfängerseitig bekannt sein. Er muss zudem so beschaffen sein, dass beim Vergleichen des bekannten Empfängercodes mit einem Satellitensignal ein hohes Maß an Eindeutigkeit entsteht und zwar auch dann, wenn die Codes zeitlich verschoben sind. Abb. 3.15 verdeutlicht die Situation schematisch – die tatsächlichen Codes sind deutlich länger.

Um beide Signale miteinander zu vergleichen, verwendet man ein elegantes Verfahren – die Autokorrelation (Abb. 3.16). Hierbei werden die digitalen Satellitensignale, welche im Grunde aus lauter Nullen und Einsen bestehen, mit den im Empfänger erzeugten passenden Codes stellenweise multipliziert. In der stark vereinfachten Abbildung soll die untere Zeile das zeitlich verschobene Satellitensignal widerspiegeln, die obere Zeile das im Empfänger erzeugte Referenzsignal. Um den Zeitversatz besser zu verdeutlichen ist der (sich wiederholende!) Anfang des Codes schraffiert dargestellt.

Der Empfängercode eilt im Beispiel dem Satellitensignal um 5 Stellen voraus, da das Satellitensignal ja eine gewisse Zeit benötigt,

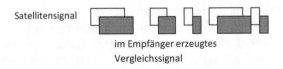

Abb. 3.15 Satellitensignal und Empfängersignal schematisch. (Quelle: Autor)

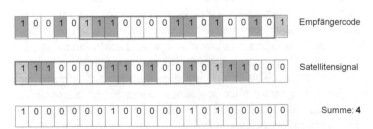

Abb. 3.16 Schwache Autokorrelation. (Quelle Autor)

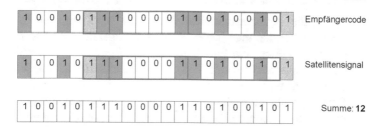

| 1 | 0 | 0 | 1 | 0 | 1 | 1 | 1 | 0 | 0 | 0 | 0 | 1 | 1 | 0 | 1 | 0 | 0 | 1 | 0 | 1 | Empfängercode |

| 1 | 0 | 0 | 1 | 0 | 1 | 1 | 1 | 0 | 0 | 0 | 0 | 1 | 1 | 0 | 1 | 0 | 0 | 1 | 0 | 1 | Satellitensignal |

| 1 | 0 | 0 | 1 | 0 | 1 | 1 | 1 | 0 | 0 | 0 | 0 | 1 | 1 | 0 | 1 | 0 | 0 | 1 | 0 | 1 | Summe: 12 |

Abb. 3.17 Maximale Autokorrelation bei Übereinstimmung der Signale. (Quelle: Autor)

um beim Empfänger anzukommen. In der dritten Zeile steht das Ergebnis der Multiplikation beider Signale. Die dabei herauskommenden Werte sind wiederum Nullen oder Einsen. Ihre Summe ist ein Maß für die Übereinstimmung zwischen Satellitensignal und Empfängercode. Wenn beide Signale exakt übereinstimmen, nimmt diese Summe einen maximalen Wert an (Abb. 3.17).

Diese Übereinstimmung wird erreicht, wenn man das Satellitensignal einfach um fünf Stellen nach rechts verschiebt. Würde man es noch weiter schieben, so würde der Summenwert wieder abnehmen. Man kann also auf diese Weise ganz leicht überprüfen, ob ein empfangenes Signal dem im Empfänger erzeugten Code entspricht und darüber hinaus, ob und wenn ja um wie viel es zeitlich gegenüber diesem verschoben ist. Im Fall von GPS werden auf diese Art und Weise gleich drei Fliegen mit einer Klappe geschlagen:

1. Durch die Autokorrelation von Empfängercode und Satellitensignal wird der Empfänger eindeutig auf ein Satellitensignal scharf gestellt.
2. Durch die Verwendung ganz spezifischer Codes für jeden Satellit ist es auf diese Art möglich, mit nur einer einzigen Frequenz, also einem Kanal, mehrere Satelliten zu unterscheiden. Dieses Verfahren, bei dem jedem Satelliten ein charakteristischer Code zugeschrieben wird, nennt man auch Codemultiplexverfahren (englisch: Code Division Multiple Access, CDMA).

3. Wenn die Autokorrelationsfunktion ihr Maximum einge-
nommen hat, hat man das Satellitensignal gerade soweit verschoben, wie es vom Satelliten bis zum Empfänger benötigt
hat und man erhält somit die gesuchte Laufzeit! Dies gilt jedoch nur, wenn man voraussetzt, dass Satellitenuhr und
Empfängeruhr zum Zeitpunkt des Aussendens absolut synchron liefen, andernfalls müsste man noch einen Uhrenfehler
berücksichtigen.

Wenn man sich die Abbildungen zur Autokorrelation noch einmal
etwas genauer ansieht, wird klar, dass dieses Verfahren nicht für
jede Art von Code funktioniert. Als einfachstes Beispiel kann man
sich einen Code aus lauter Nullen vorstellen: Bei diesem würde
die Autokorrelation andauernd ein Minimum annehmen und dieses wäre nicht aussagekräftig. Auch ein Code aus lauter Einsen
wäre ungünstig. Am besten eignet sich das Verfahren für Codefolgen, welche scheinbar statistisch, also zufällig verteilt sind, da
man auf diese Art sicherstellt, dass ein tatsächlich signifikantes
Maximum entsteht. Man spricht in diesem Zusammenhang auch
von Pseudozufallsfolgen (englisch: Pseudo Random Noise, PRN).
Das Maximum soll zudem nur dann signifikant sein, wenn man
den richtigen Code anwendet, da andernfalls das Codemultiplexverfahren nicht funktionieren würde. Bei GPS werden daher ganz
besondere Codefolgen, so genannte Goldcodes, angewendet, die
einerseits eine sehr gute Autokorrelation aufweisen, jedoch mit
den Codes der jeweils anderen Satelliten nur eine sehr geringe
Kreuzkorrelation haben.

3.2.6 Die GPS-Codes

In den vorangehenden Abschnitten wurden die prinzipiellen Zusammenhänge zur Ortung mit GPS erläutert. Die Erklärungen
haben jedoch lediglich einen anschaulich einführenden Charakter,
da die tatsächlich angewandte Nachrichtentechnik auch mathematisch sehr kompliziert ist. Dennoch erscheint es interessant, die
tatsächliche Ortung mit GPS noch etwas genauer zu betrachten,

insbesondere auch, da dieses Verfahren bei so ziemlich allen moderneren Satellitenortungsverfahren zum Einsatz kommt.

Bei GPS stehen zwei verschiedene Codes zur Verfügung, der C/A-Code und der P-Code., welche sich vor allem in ihrer Länge unterscheiden. Während der C/A-Code für die Allgemeinheit zugänglich und ein eher kurzer Code ist, ist der für nicht autorisierte Nutzer nicht verfügbare P-Code sehr lang. Der C/A-Code hat eine Länge von 1023 Binärzeichen, den Chips. Diese „Chips" entstehen durch Phasenumtastung (BPSK) der Trägerwelle. Sie haben eine Dauer von nur etwa einer Mikrosekunde, also einer Millionstel Sekunde. Da sich das Signal aber mit Lichtgeschwindigkeit, also 300.000 km/s ausbreitet, beträgt ihre Länge ungefähr 300 m.

Diese Chips sind im Grunde ebenfalls so etwas wie die Bits in der Nachrichtenübertragung, also Nullen oder Einsen, mit dem großen Unterschied, dass ihnen kein Informationsgehalt zukommt – sie definieren lediglich den Code. Der C/A-Code besteht aus 1023 Chips und dauert daher genau eine Millisekunde, was nichts anderes bedeutet, als dass ein C/A-Code 300 km lang ist. Zusammengefasst hat der C/A-Code 1023 Stellen (Chips), an denen jeweils eine Null oder eine Eins stehen kann, was prinzipiell zu 2^{1023} Möglichkeiten führt, einen irgendwie gearteten Code dieser Länge zu definieren. Seine Dauer ist eine Millisekunde.

Tatsächlich soll aber der Code bestimmte Voraussetzungen erfüllen und dies gelingt durch die Verwendung so genannter Gold Codes. Diese werden durch Polynome bestimmt und haben den großen Vorteil, dass sie untereinander eine nur sehr geringe Kreuzkorrelation aufweisen. Für den C/A-Code kommen die beiden Polynome

$$G_1(x) = 1 + x^3 + x^{10} \qquad \text{und}$$

$$G_2(x) = 1 + x^2 + x^3 + x^6 + x^8 + x^9 + x^{10}$$

zum Einsatz. Mit ihnen ließen sich prinzipiell 1023 verschiedene Gold Codes erzeugen, lediglich 32 kommen jedoch bei GPS zum Einsatz.

Der P-Code ist, wie erwähnt, deutlich länger – ein kompletter Durchgang des P-Codes dauert eine ganze Woche, da er $6,1871 \cdot 10^{12}$ Bit lang ist. Die Codelänge macht es schwer, für Empfänger ohne weitere Kenntnisse darauf zuzugreifen. Daher werden mit Hilfe des C/A-Codes im „Hand Over Word" Informationen übermittelt, welche einen schnelleren Zugriff auf den P-Code ermöglichen. Da der P-Code nur Nutzern des US-Militärs zur Verfügung stehen soll, ist er mit einem weiteren Code verschlüsselt (W-Code) und für zivile Nutzer somit unzugänglich.

Die Navigationsmitteilung wird mit einer Rate von 50 Bit pro Sekunde übertragen, was 20 C/A-Codes pro Nachrichtenbit entspricht oder, anders gesagt, besteht ein Bit an Information aus 20 kompletten C/A-Codes mit jeweils 1023 Chips. Der Code wird somit nicht nur zum sicheren Auffinden des Signals und zur Messung der Laufzeit, sondern darüber hinaus noch zur Datenübertragung verwendet – eine ziemlich clevere Mehrfachnutzung!

3.2.7 Auswertung der Satellitensignale

Die Auswertung der Satellitensignale hat eine möglichst genaue dreidimensionale Ortung zum Ziel. Das bedeutet, dass die unbekannten Empfängerkoordinaten x_E, y_E und z_E bestimmt werden müssen. Hierzu ist jedoch zusätzlich noch die Messung einer weiteren Größe notwendig, die nicht auf den ersten Blick ersichtlich ist, nämlich der exakten Empfängeruhrzeit.

Um die Satellitensignale auswerten zu können, muss der Empfänger diese zuerst einmal mit Hilfe der Codes erfassen, die Daten entnehmen und die Signale im weiteren Verlauf weiterverfolgen (tracking). Der Vorgang des Erfassens liefert bereits wichtige zur Ortung verwendbare Informationen, wie Abb. 3.18 zeigt.

Wenn die Uhr des GPS-Empfängers exakt mit den Satellitenuhren synchronisiert wäre, so wäre der in der Abbildung eingezeichnete Uhrenfehler gleich Null und man erhielte die Signallaufzeit direkt aus der Verschiebung des im Empfänger erzeugten Signals. Im Allgemeinen ist dies jedoch nicht zu erreichen, da dies empfängerseitig ebenso genaue Uhren voraussetzen würde wie bei den Satelliten, und das würde bedeuten, dass GPS-

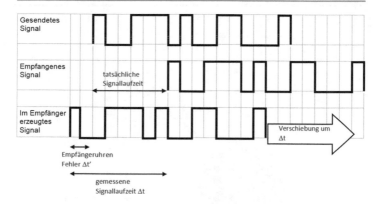

Abb. 3.18 Zusammenhang zwischen Satelliten- und Empfängersignal und Uhrenfehler. (Quelle: Autor)

Empfänger nur mit Atomuhren funktionieren könnten. Das ist offensichtlich nicht der Fall und so scheint es eine andere, clevere Lösung für das Problem der Empfängeruhr zu geben.

Mathematisch gesehen lässt sich das Problem der Satellitenortung auf die Bestimmung der vier Unbekannten x_E, y_E, z_E und $\Delta t'$, dem Empfängeruhrenfehler, zurückführen. Im Allgemeinen sind zur Bestimmung von vier Unbekannten mindestens ebenso viele Gleichungen notwendig. Und diese erhält man wie folgt:

Nach dem Satz des Pythagoras kann man den Abstand $d(S;E)$ zweier Punkte $S(x_S|y_S|z_S)$ und $E(x_E|y_E|z_E)$ im Raum mit der Formel

$$d\left(S;E\right) = \sqrt{\left(x_s - x_E\right)^2 + \left(y_s - y_E\right)^2 + \left(z_s - z_E\right)^2}$$

Berechnen (Abb. 3.19).

Dabei stellt Punkt E die Position des Empfängers und Punkt S die des empfangenen Satelliten dar. Die Entfernung wird durch Laufzeitmessung bestimmt zu $d(S;E) = c \cdot \Delta t$. Dabei ist Δt die gemessene, also noch fehlerhafte, Signallaufzeit und $c = 299.792.458$ m/s die Lichtgeschwindigkeit. Die Formel wird so zu:

$$c \cdot \Delta t = \sqrt{\left(x_s - x_E\right)^2 + \left(y_s - y_E\right)^2 + \left(z_s - z_E\right)^2}$$

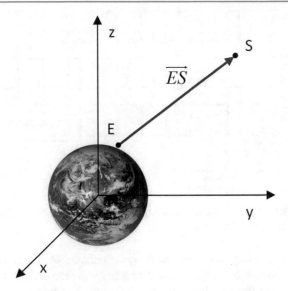

Abb. 3.19 Verbindungsvektor zweier Punkte im Raum. (Quelle: Autor)

Da die Laufzeitmessung im Allgemeinen auf Grund des Empfän-
geruhrenfehlers fehlerhaft sein wird, spricht man in diesem Zusammenhang von einer Pseudoentfernung (englisch: Pseudorange).
Diese wird im ersten Schritt zu vier Satelliten gemessen, so dass
man vier Gleichungen erhält:

$$1.\ c \cdot \Delta t_1 = \sqrt{\left(x_{s1} - x_E\right)^2 + \left(y_{s1} - y_E\right)^2 + \left(z_{s1} - z_E\right)^2}$$

$$2.\ c \cdot \Delta t_2 = \sqrt{\left(x_{s2} - x_E\right)^2 + \left(y_{s2} - y_E\right)^2 + \left(z_{s2} - z_E\right)^2}$$

$$3.\ c \cdot \Delta t_3 = \sqrt{\left(x_{s3} - x_E\right)^2 + \left(y_{s3} - y_E\right)^2 + \left(z_{s3} - z_E\right)^2}$$

$$4.\ c \cdot \Delta t_4 = \sqrt{\left(x_{s4} - x_E\right)^2 + \left(y_{s4} - y_E\right)^2 + \left(z_{s4} - z_E\right)^2}$$

Nun ist jedoch der Uhrenfehler bei allen vier Messungen der-
selbe – er kommt schließlich von der Empfängeruhr, so dass man
für $\Delta t = \Delta t' + \Delta t_S$ schreiben kann. Δt_S ist dabei die reale Signal-

laufzeit vom jeweiligen Satelliten bis zum Empfänger und $\Delta t'$ der bei allen vier Messungen identische Uhrenfehler. Das Gleichungssystem wird somit zu:

$$1.\ c \cdot \left(\Delta t' + \Delta t_{S1}\right) = \sqrt{\left(x_{s1} - x_E\right)^2 + \left(y_{s1} - y_E\right)^2 + \left(z_{s1} - z_E\right)^2}$$

$$2.\ c \cdot \left(\Delta t' + \Delta t_{S2}\right) = \sqrt{\left(x_{s2} - x_E\right)^2 + \left(y_{s2} - y_E\right)^2 + \left(z_{s2} - z_E\right)^2}$$

$$3.\ c \cdot \left(\Delta t' + \Delta t_{S3}\right) = \sqrt{\left(x_{s3} - x_E\right)^2 + \left(y_{s3} - y_E\right)^2 + \left(z_{s3} - z_E\right)^2}$$

$$4.\ c \cdot \left(\Delta t' + \Delta t_{S4}\right) = \sqrt{\left(x_{s4} - x_E\right)^2 + \left(y_{s4} - y_E\right)^2 + \left(z_{s4} - z_E\right)^2}$$

In diesen vier Gleichungen sind lediglich die vier Größen x_E, y_E, z_E und $\Delta t'$ unbekannt, alle anderen wurden gemessen: Die Laufzeiten Δt_{Si} durch Verschiebung des Empfängercodes, die Koordinaten der vier Satelliten (x_{si}, y_{si} und z_{si}) können aus der Navigationsmitteilung berechnet werden, so dass das Gleichungssystem mathematisch gesehen lösbar ist.

In der realen Anwendung hat sich eine direkte Lösung des Gleichungssystems, wegen zu großer Ungenauigkeiten, als nicht sonderlich geeignet erwiesen. Bessere Ergebnisse wurden mit schrittweisen (iterativen) Näherungsverfahren erzielt. Hierbei nimmt der GPS-Empfänger einen ungefähren Standort (x_E, y_E, z_E) als Startwert, zu welchem in einem ersten Schritt die (ungefähren!) Entfernungen, die Pseudo Ranges (Pseudoentfernungen), zu den Satellitenpositionen (x_{si}, y_{si}, z_{si}) bestimmt werden. Diese werden mit den aus den vier Laufzeiten bestimmten Entfernungen verglichen und damit ein verbesserter Näherungswert ermittelt. Dieser wird anschließend wiederum als Startwert für einen weiteren Rechendurchgang genommen. Und so weiter, bis die korrekte Empfängerposition erreicht ist. Der zu Grunde liegende Algorithmus ist geschickt so gewählt, dass sich die berechneten Koordinaten den tatsächlichen relativ rasch immer besser annähern.

Die Grundidee des Rechenalgorithmus ist, dass sich mit einem nach dem Mathematiker Brook Taylor benannten Verfahren die vier Gleichungen in akzepr Näherung in gewisser Weise auch ohne Wurzeln und Quadrate schreiben lassen können – dieses Verfahren wird Linearisierung genannt und wird in der Technik und der Physik häufig angewandt. Mit diesen vereinfachten Gleichungen wird nun mit Mitteln der linearen Algebra (Matrizenrechnung) weitergearbeitet, bis sich der verbesserte Näherungswert einstellt. Als Anwender bekommt man davon lediglich dann etwas mit, wenn der Startwert ungünstig gewählt ist, da dann die Ortung unter Umständen recht lange dauern kann. Die meisten GPS-Empfänger speichern ihren zuletzt bestimmten Standort und verwenden diesen beim nächsten Einschalten als Startwert.

Neben dem beschriebenen Verfahren, bei welchem allein die Verschiebung der Codes zur Laufzeitmessung verwendet wird, gibt es noch die Möglichkeit, durch direkte Auswertung der Trägerwelle eine noch deutlich genauere Ortung durchzuführen. Bei der Codemessung werden Genauigkeiten im Bereich einiger weniger Meter erzielt. Misst man jedoch die Trägerwelle, also L1 direkt, wie dies beispielsweise im Vermessungswesen geschieht, sind Messgenauigkeiten im Zentimeterbereich möglich. Bei Nutzung weiterer Hilfsmittel wie dem differentiellen GPS erreichen Geodäten sogar Messgenauigkeiten im Millimeterbereich. Allerdings haben diese Messungen den großen Nachteil, dass sie auf Grund von dabei auftretenden Mehrdeutigkeiten überaus zeitintesiv sind und zudem auf der Empfängerseite einen sehr großen finanziellen Aufwand erfordern. Für „normale" GPS-Nutzer ist es jedoch ebenfalls interessant zu wissen, wie genau die Messungen letztlich sind und wie sie gegebenenfalls verbessert werden können.

3.3   Genauigkeit und Fehlerursachen

Wie bei jeder Messung, muss man auch bei der Satellitennavigation mit Fehlern und Ungenauigkeiten rechnen. Bis zur Abschaltung der künstlichen Signalverschlechterung Selective Availability im Jahr 2000 konnten zivile Nutzer mit GPS lediglich bis auf etwa 50 bis 100 m genau navigieren. War dies für manche Bereiche der Seefahrt bereits ein recht akzepr Wert, so konnte man das System jedoch beispielsweise im Straßenverkehr noch nicht umfassend nutzen. Heutzutage kann man bei Nutzung des Standard-Ortungsservices SPS in den meisten Fällen von einer mittleren Genauigkeit der Ortung von etwa 5 m ausgehen. Was aber sind die entscheidenden Störgrößen?

3.3.1 Systemimmanente Fehler

Zwar sind die Betreiber des GPS sehr darauf bedacht, Fehlerquellen möglichst vollständig auszuschließen, es lässt sich aber nicht vermeiden, dass es in manchen Bereichen zu Ungenauigkeiten kommt. Die bedeutendste Einflussgröße stellen in diesem Zusammenhang die gemessenen und die tatsächlichen Positionen der Satelliten dar. Die Satellitenbahnen werden insbesondere von den Monitorstationen ständig überwacht und weiter vorherberechnet. Die mit der Navigationsmitteilung übertragenen Bahnparameter werden im Zuge dieser Überwachung stündlich aktualisiert und sind somit meist bis auf weniger als einen Meter genau. (Streng genommen müsste man sagen: „Sie sind auf einen Meter ungenau", es hat sich jedoch die etwas umgangssprachliche Sprechweise, in welcher Genauigkeit und Fehler als synonym behandelt werden, eingebürgert.) Da sich alle Messfehler im ungünstigsten Fall aber aufsummieren, ist bereits dieser nur durch enormen Aufwand und Präzision zu erreichende, kleine Fehler nennenswert.

Die Abweichungen der Satellitenbahnen von den nach den Gesetzen der Mechanik vorausberechneten haben verschiedene Gründe. Als entscheidende Größe ist die nicht absolute Homogenität des Erdschwerefeldes zu nennen. Wie bereits in Abschn. 1.2.3 beschrieben, hat der Geoid eben keine einfache Kugelform, noch nicht mal die eines Ellipsoids, sondern eher die einer Kartoffel. Da es aber gerade die Erdanziehungskraft ist, welch die Satelliten auf ihrer Bahn hält, ist diese Inhomogenität auch dafür verantwortlich, dass die Satellitenbahnen nicht vollkommen gleichmäßige Ellipsenbahnen sind, sondern von diesem Ideal etwas abweichen.

Weitere Einflussgrößen sind Teilchen, welche zwar in sehr geringer aber doch messbarer Zahl auch im Weltall vorkommen sowie der Druck des Sonnenwindes, insbesondere beim Verlassen des Erdschattens.

Eine weitere bedeutende Fehlerquelle steckt im Satelliten selbst: Da die Satellitenuhren nicht zu hundert Prozent genau gehen können, weicht die Satellitenzeit immer ein wenig von der Systemzeit ab. Dies verringert die Genauigkeit der gesamten Messung.

Neben den senderseitigen Fehlerquellen müssen prinzipiell auch solche im Empfänger berücksichtigt werden. Da sich diese jedoch heutzutage dank moderner Empfängertechnologie normalerweise auf wenige Zentimeter beschränken, sollen diese nicht im Einzelnen beschrieben werden.

3.3.2 Atmosphärenbedingte Fehler

Die Satellitensignale müssen auf ihrem Weg vom Satelliten bis zum Empfänger auf der Erdoberfläche alle Atmosphärenschichten der Erde durchdringen. Dabei werden sie mehr oder weniger stark gestört. Denn trotz der geschickten Wahl der Trägerfrequenzen hat die Atmosphäre nach wie vor Einfluss auf die Ausbreitung der Satellitensignale. Insbesondere in der Ionosphäre, welche sich über einen Höhenbereich von 60 km bis ca. 1000 km erstreckt, werden die vom Satelliten ausgehenden elektromagnetischen Wellen gebrochen. Dieses bereits vom Licht bekannte Phänomen kommt dadurch zustande, dass die Ausbreitungsgeschwindigkeit der Wellen in der Ionosphäre verlangsamt wird, was wiederum dazu führt, dass der Weg des Signals nicht mehr geradlinig ist.

Nun geht man jedoch bei der Positionsbestimmung davon aus, dass sich die Satellitensignale geradlinig ausbreiten, so dass der Weg durch die Ionosphäre die Genauigkeit der Messung zwangsläufig verschlechtern müsste (Abb. 3.20). Um diesen Fehler zu verringern, gibt es zwei Möglichkeiten: Bei genauer Kenntnis des Zustandes der Ionosphäre kann man mit Hilfe von Korrekturparametern deren Einfluss rechnerisch in gewissem Maße ausgleichen. Dass dies nicht immer vollständig gelingt, liegt daran, dass auch die Ionosphäre gewissen Schwankungen unterliegt, die durch die Sonnenaktivität zustande kommen.

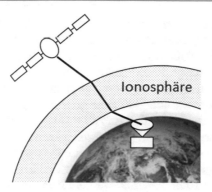

Abb. 3.20 Ionosphärenfehler. (Quelle: Autor)

Es gibt jedoch noch eine zweite Möglichkeit die „Ionosphärische Refraktion" auszugleichen. Dabei nutzt man aus, dass
elektromagnetische Wellen mit unterschiedlicher Frequenz auch
unterschiedlich stark gebrochen werden. Auch dieser Effekt ist
aus der Optik gut bekannt. So wird beispielsweise blaues Licht
stärker gebrochen als rotes, was man bei einem Regenbogen eindrucksvoll beobachten kann. Allgemein werden bei den meisten
durchsichtigen Materialien elektromagnetische Wellen mit höhe-
rer Frequenz stärker gebrochen als solche mit niedrigerer. Und
diesen Umstand kann man ausnutzen, wenn man bei der Satellitenortung mit zwei unterschiedlichen Frequenzen arbeitet.

Bei GPS wird dies mit den Frequenzen L1 und L2 realisiert.
Da L2 lange Zeit nur autorisierten Nutzern zur Verfügung stand,
blieb diese Möglichkeit dem US-Militär vorbehalten. Mittlerweile senden aber die GPS-Satelliten, ab Block IIR-M, ein zweites ziviles Signal (L2C), mit dessen Hilfe auch zivile Nutzer den
Ionosphärenfehler eliminieren können. Da dieser momentan in
der Fehlergesamtbilanz, bei ansonsten günstigen Bedingungen,
mit 5 bis 15 m den größten Einfluss hat, wäre eine Korrektur desselben für alle Nutzer überaus hilfreich. Aktuell wird das L2C-
Signal von 23 GPS-Satelliten übertragen, ist allerdings noch nicht
Bestandteil des vollständig operationellen Betriebs. Dieser soll im
Jahr 2023 mit der Inbetriebnahme neuer Systeme des aktualisierten Bodensegments OCX erreicht werden.

Der Vollständigkeit halber sei noch erwähnt, dass auch die unterste Atmosphärenschicht, die Troposphäre, einen die Laufzeit verzögernden Einfluss hat, welcher jedoch frequenzunabhängig ist. Vielmehr hängt dieser Einfluss von nur sehr schwierig vollständig zu erfassenden meteorologischen Parametern wie Luftfeuchte, Luftdruck und Lufttemperatur ab. Da die Troposphäre jedoch nur etwa 15 km dick ist, ist ihr Einfluss auf das Satellitensignal nur bei sehr niedrigen Erhebungswinkeln, wenn also der Satellit nahe am Horizont steht, von größerer Bedeutung. Bei derart ungünstigen Bedingungen kann der Einfluss der Troposphäre jedoch bis zu 10 m betragen, weshalb man versuchen sollte, die Verwendung von zu tief stehenden Satelliten zu vermeiden. Überhaupt ist die geometrische Konstellation der Satelliten von großer Bedeutung für die Genauigkeit der Ortung.

3.3.3 Einfluss der Satellitengeometrie

Die Ortung beruht, wie beschrieben, auf der Schnittbildung von Kugeloberflächen – den so genannten Standflächen des Empfängers. Nun sind diese Flächen jedoch immer mit einer gewissen Ungenauigkeit behaftet, da die Entfernungen ja nicht zu 100 % exakt bestimmt werden können, so dass man eigentlich eher von mehr oder weniger dicken „Standschalen", vergleichbar mit Orangenschalen (große Dicke – großer Messfehler) oder Mandarinenschalen (geringe Dicke – kleiner Messfehler), sprechen müsste – vergleiche Abb. 3.21).

Da sich die Fehlerbereiche der Satelliten überschneiden, ergibt sich ein „verschmierter" Bereich, in welchem sich der Empfänger befinden könnte. Dieser „Schmierbereich" ist umso größer und damit umso ungünstiger, je näher die Satelliten zusammenstehen. Am günstigsten wäre es, wenn sich die Positionskreise möglichst senkrecht, wie in der Graphik dargestellt, schneiden könnten.

Da man zur Ortung mit GPS mindestens vier Satelliten empfangen muss, stellt sich die Situation, zumal im dreidimensionalen Raum, noch etwas komplizierter dar. Die Satelliten spannen zusammen mit dem Empfänger einen pyramidenartigen Körper,

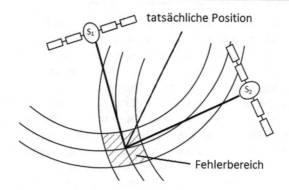

Abb. 3.21 Geometriefehler. (Quelle: Autor)

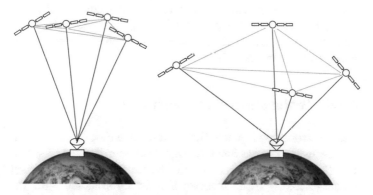

Abb. 3.22 Linke Seite: schlechte Satellitenkonstellation, rechte Seite: gute Satelliten-konstellation. (Quelle: Autor)

ähnlich einem Tetraeder auf, dessen Volumen möglichst groß sein sollte, damit der Fehler möglichst gering wird (Abb. 3.22).

Um den durch die Satellitengeometrie entstehenden Fehler zu quantifizieren, nutzt man genau dieses Volumen und definiert den so genannten GDOP-Faktor (Geometric Dilution of Precision):

$$GDOP = k \cdot \frac{1}{V_T}$$

Dabei ist k ein Umrechnungsfaktor und V_T das Volumen des Körpers, welches maximal wird, wenn ein Satellit genau über dem Nutzer im Zenit steht und die anderen drei jeweils einen Winkel von 120° miteinander einnehmen und einen nicht zu kleinen Erhebungswinkel über dem Horizont haben. Bessere GPS-Empfänger nutzen den GDOP-Faktor, um bei mehr als vier verfügbaren Satelliten die Auswahl zu optimieren. Für alle anderen Nutzer ist das Verständnis des Zusammenhangs interessant, da es eine Grundlage zur Einschätzung der Messgenauigkeit liefert. Sind beispielsweise durch starke Abschirmung im Gebirge nur wenige Satelliten im Empfangsbereich, so kann es sein, dass die Satellitengeometrie vom Empfänger aus gesehen ungünstig ist. In einem solchen Fall sollte man die Positionsangaben des GPS-Empfängers immer kritisch einschätzen. Neben der Abschirmung von Satelliten beispielsweise durch Berge oder hohe Gebäude können solche Geländeformationen noch eine weitere unangenehme Nebenwirkung haben.

3.3.4 Fehler durch Mehrwegeffekte

Bei den vorangegangenen Betrachtungen wurde immer davon ausgegangen, dass das Satellitensignal auf dem direkten Weg zum Empfänger gelangt. Dies kann jedoch nicht immer mit Sicherheit vorausgesetzt werden. Insbesondere in Großstädten sind die Häuserfronten oft so glatt, dass die Signale an ihnen wie an einem Spiegel reflektiert werden und so auch auf Umwegen zum Empfänger gelangen können. Dieser steht nun vor der technischen Herausforderung, eine Entscheidung zu treffen, welche Signale letztlich zu verwenden sind, ein Problem, das bei ungünstigen Bedingungen zu Störungen oder gar zum zeitweisen Ausfall des GPS-Empfangs führen kann.

Entscheidend dafür wie problematisch sich die Situation darstellt, ist neben der Beschaffenheit der reflektierenden Oberflächen (beispielsweise Glas oder Beton im Gegensatz zu Rasen oder Fels), die Weglängendifferenz zwischen dem direkten Weg und der indirekten, reflektierten Welle, sowie die Technik des Empfängers, insbesondere dessen Antenne. Die Fehlergrößen können von 1 m bis hin zu 100 m reichen. Da der Mehrweg-empfang in der Praxis zum Teil ganz zwangsläufig auftritt, ist es für Empfänger wichtig, einschätzen zu können, ob mit diesem Fehler zu rechnen ist oder nicht. Eine solche Einschätzung kann wiederum durch den Nutzer erfolgen, welcher die Bedingungen (Gebäude, Satellitengeometrie, eigene Position) einschätzen muss, oder auch auf technischem Weg. Hierbei wird die Periodizi-tät des Satellitensignals ausgenutzt, wodurch sich Fehler durch Mehrwegeffekte bei Nutzung des C/A-Codes auf maximal etwa 5 m reduzieren lassen.

3.3.5 Zusammenfassung der Fehlergrößen und Systemintegrität

Für Nutzer von GPS interessant ist die immer wieder gestellte Frage nach einer „Systemgesamtgenauigkeit". Die oben ge-nannten, im Übrigen nicht vollständigen, aber wichtigsten Fehlerquellen lassen den Schluss zu, dass eine Aussage nach dem Motto: „GPS ist auf 10 m genau." nicht sinnvoll ist. Man kann lediglich sagen, dass in einer großen Zahl von Fällen unter gewissen Voraussetzungen mit einer bestimmten Genau-igkeit zu rechnen ist, welche sich beispielsweise durch eine ungünstige Satellitengeometrie am jeweiligen Empfangsort aber deutlich verschlechtern kann. In den meisten Fällen kann man aus heutiger Sicht bei der Nutzung von GPS ohne weitere Hilfsmittel bei der Verwendung des C/A-Codes von einer Genauigkeit der Messung von etwa 5 m ausgehen, bei einer zusätzlichen Verwendung des P-Codes steigt diese Genauig-keit durch Ausschalten des Ionosphärenfehlers nochmals deutlich.

Eine andere Problematik stellt die Sichtbarkeit und die Verfüg-barkeit der Satelliten dar. Pauschal könnte man sagen: Je mehr Satelliten, desto besser, da die meisten Empfänger in der Lage sind, die Messergebnisse bei der Nutzung von mehr als vier Satel-liten durch spezielle Mittelung der Daten, noch zu verbessern. Durch die mittlerweile große Anzahl von 30 in Betrieb be-findlichen GPS-Satelliten sind weltweit an jedem Ort zu jeder

Zeit fast immer (nahe 80 %) sogar mehr als fünf Satelliten sichtbar, jedoch nicht immer mit einer optimalen Geometrie.

Während die Sichtbarkeit der Satelliten eine Aussage darüber trifft, wie viele Satelliten prinzipiell empfangen werden könnten, ist die Satellitenverfügbarkeit jedoch die aussagekräftigere Größe – denn was hilft es, wenn man einen Satelliten prinzipiell empfangen könnte, dieser jedoch beispielsweise wegen Wartungsarbeiten vorübergehend außer Betrieb genommen wurde? Dass dies von Zeit zu Zeit notwendig ist, liegt in erster Linie an den Satellitenuhren, welche nicht immer ganz exakt synchron mit der Systemzeit laufen. Es kommt zwar eher selten vor, dass GPS-Satelliten als nicht funktionsfähig gekennzeichnet werden müssen, ist jedoch nicht völlig auszuschließen. Allerdings sind die meisten Satellitennavigationsempfänger heutzutage in der Lage, neben GPS-Satelliten auch Signale anderer Systeme wie GLONASS und Galileo zu empfangen und zu verarbeiten. Die Gesamtzahl von aktiven Navigationssatelliten ist mittlerweile mit über 100 aktiven Satelliten so groß, dass eher eine Überabdeckung als eine zu geringe Verfügbarkeit zu befürchten ist.

Ein großes Thema, insbesondere für die Luftfahrt, stellt jedoch immer noch die Integrität des Systems dar. Das bedeutet einerseits, die Richtigkeit und zu erwartende Genauigkeit der Ortung im Rahmen der üblichen Messtoleranzen, andererseits aber auch eine möglichst frühzeitige Information der Nutzer über eventuell auftretende Störungen. Die Auswirkungen von seltenen aber möglichen Fehlern beispielsweise in den Satelliten, aber auch in der Soft- oder Hardware der Kontrollzentren können zu Messfehlern von bis zu einigen 1000 m führen! Beim derzeitigen Stand des GPS-Bodensegmentes ist noch nicht gewährleistet, dass eine Information über einen solchen nicht vorherzusehenden Fehler in kurzer Zeit mit der Navigationsnachricht an die Nutzer übertragen werden kann. So kann es unter ungünstigen Umständen einige Minuten dauern, bis der Anwender über die Fehlerhaftigkeit der Messung informiert wird.

Zur Anwendung in der Luftfahrt ist diese Situation, vor allem bei der Landung, nicht akzeptabel, so dass geeignete Lösungen geschaffen werden müssen, um eine fehlerhafte Messung möglichst schnell zu identifizieren. Eine Möglichkeit stellt – Empfang von ausreichend vielen GPS-Satelliten vorausgesetzt – der Vergleich verschiedener Positionsbestimmungen unter Verwendung unterschiedlicher Satelliten dar. Wenn es hierbei zu deutlichen Unterschieden kommt, ist zwar immer noch offen, woher diese letztlich kommen, man weiß jedoch, dass die Ortung unter solchen Umständen auf andere Art und Weise überprüft werden muss.

Ein anderer Weg, die Integrität von GPS zu verbessern, stellt die Nutzung anderer Einrichtungen dar. Solche Einrichtungen können lokal stark begrenzt sein, beispielsweise Funksender an Flughäfen, sie können aber auch, wiederum realisiert durch Satelliten, sehr große Bereiche abdecken, wie dies beim europäischen EGNOS-System, einem System aus drei Ergänzungssatelliten, realisiert wird. Einerseits kann man durch die Zuhilfenahme anderer Einrichtungen also die Systemsicherheit verbessern, andererseits aber auch dessen Genauigkeit zum Teil deutlich steigern.

3.4 Ergänzungen zu GPS

Mittlerweile kann man bei der Nutzung von GPS im Mittel von Fehlern von maximal 10 m, meist um 5 m ausgehen, was für sehr viele Anwendungen des Alltags vollkommen ausreichend ist. Vielleicht ist es Ihnen aber auch schon einmal passiert, dass Sie von Ihrem Navigationssystem im Auto einfach auf einer falschen Straße vermutet wurden. Dies tritt oft dann ein, wenn eine große Straße parallel zu einer kleineren verläuft. Die Genauigkeit von GPS reicht dann oft nicht aus, um eine sichere Entscheidung darüber zu treffen, ob man sich auf der großen oder auf der kleinen Straße befindet und so wird das Navigationssystem, also eigentlich der Computeralgorithmus, eine Entscheidung treffen müssen. Meistens zu Gunsten der größeren Straße, was jedoch natürlich nicht immer zutrifft.

Ein anderes Beispiel dafür, warum zusätzliche Informationen zum GPS sinnvoll sein können, sind Situationen, in welchen zur Ortung der 12,5 Minuten lange Datensatz der gesamten Navigationsnachricht abgewartet werden muss. Dieser langwierige Prozess ist notwendig, wenn die im Empfänger gespeicherten Daten stark veraltet sind, wenn sie vielleicht nach einem Batteriewechsel komplett verlorengegangen sind oder wenn der Empfänger seit seinem letzten Betrieb um eine Strecke von etwa 300 km bewegt wurde. In diesem Fall ist es hilfreich, wenn sich der GPS-Empfänger die Navigationsnachricht auf einem schnelleren Übertragungsweg, beispielsweise über das Mobilfunknetz holen kann. Dieses als A-GPS (Assisted GPS) bezeichnete Verfahren wird vor allem in Smartphones und anderen mobilen Endgeräten eingesetzt. Es beschleunigt einerseits den Kaltstart ungemein, da der Almanach Datensatz mit 37,5 kBit für Mobilfunk geradezu winzig ist. Andererseits können die übers Mobilfunknetz empfangenen Daten auch dazu beitragen, das Satellitensignal auch unter ungünstigen Bedingungen, beispielsweise in Gebäuden, besser zu empfangen.

Um die Genauigkeit der GPS-Ortung zu verbessern, wird ebenfalls oft die Unterstützung bodengebundener Funkstationen oder, wie erwähnt, die von weiteren Satelliten in Anspruch genommen. Das zugrunde liegende Verfahren wird als Differenzial-Messverfahren bezeichnet.

3.4.1 Differentielles GPS (DGPS)

Das Grundprinzip von DGPS ist schnell erklärt: Um die Fehler, welche bei der Ortung mit GPS auftreten können, auszuschalten oder zumindest zu verringern, wird an einer Referenzstation, deren Position genauestens bekannt ist, eine GPS-Ortung durchgeführt. Der dabei zu beobachtende Ortungsfehler wird gemessen und anderen, in der unmittelbaren Nähe der Referenzstation befindlichen Nutzern mitgeteilt, welche wiederum mit geeigneten Rechenalgorithmen den bei ihnen zu erwartenden Fehler entsprechend ausgleichen (Abb. 3.23).

Naheliegender Weise ist dieses Verfahren umso genauer, je näher man sich an der Referenzstation befindet und umso ungenauer, je weiter man sich von dieser entfernt. Darüber hinaus ist es erforderlich, dass Referenzstation und Nutzer zur Ortung dieselben GPS-Satelliten verwenden, da die Fehlerkorrektur nur für diese gültig ist. Mit DGPS lässt sich die Ortung bis in einen Genauigkeitsbereich von 0,3 bis 2,5 m bei der Code-Messung, bis

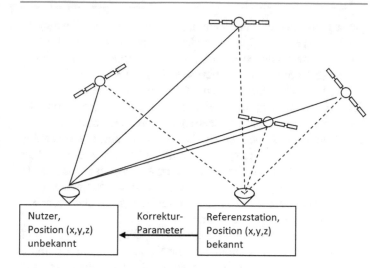

Abb. 3.23 Prinzip von Differentiellem GPS. (Quelle: Autor)

hin zu einigen Millimetern bei der direkten Vermessung der Trägerwelle verbessern, wie dies in der Geodäsie geschieht.

Dies liegt daran, dass durch die Referenzmessung fast alle vorher genannten Fehler ausgeschaltet werden können. So kann man mit Hilfe von DGPS, bei entsprechender Nähe zur Referenzstation, alle Fehler, die die Satelliten und deren Bahnen betreffen, sowie die atmosphärischen Störungen herausrechnen und somit deutlich bessere Positionsangaben erhalten.

Es gibt eine ganze Reihe von nationalen und internationalen Behörden aber auch von privatwirtschaftlichen Unternehmen, welche Referenzstationen für DGPS betreiben. Deren Aufbau besteht im Prinzip aus einem hochwertigen GPS-Empfänger, Rechnerinfrastruktur zur Datenverarbeitung und einem Referenzsender zur Übermittlung der Korrekturdaten an den Nutzer. Mittlerweile gibt es solche Referenzstationen käuflich zu erwerben, welche jedoch für Privatanwendungen mit bis zu einigen 1000 Euro zu teuer sind. Allerdings kann man mittlerweile für einige hundert Euro auch eigene DGPS-Stationen aufbauen, die auf kleinen Einplatinencomputern wie Arduino basieren. So genannte Realtime-Kinematic-Boards erhält man vergleichsweise günstig im Internet, muss dann aber einiges an Eigenleistung investieren, um ein funktionierendes System zu erhalten. Bei Interesse an einem solchen Eigenbausystem empfiehlt sich die Internetrecherche mit Suchbegriffen wie „DIY RTK".

Die behördlich betriebenen DGPS-Dienste, wie zum Beispiel SAPOS (Satellitenpositionierungsservice), welcher von den Landesvermessungsämtern betrieben wird, erreichen mit etwa 270 Referenzstationen bereits heute eine nahezu vollständige bundesweite Abdeckung mit DGPS. Genutzt werden diese Dienste sie vor allem im Vermessungswesen, aber auch in der Luftfahrt und bei geowissenschaftlichen Anwendungen. SAPOS stellt drei verschiedene Dienste zur Verfügung, welche über Funk oder Internet zu empfangen sind.

Der Echtzeit Positionierungsservice (EPS) wird über Mobilfunk übertragen und ermöglicht eine Verbesserung der Ortung in Echtzeit auf 0,5–1,5 m. Je nach Bundesland unterscheiden sich die Kosten für diesen Dienst. Während er in Baden Württemberg kostenfrei ist, kostet eine Registrierung in Bayern beispielsweise 150 Euro jährlich.

Einheitlicher ist hingegen die Regelung beim Hochpräzisen Echtzeit Positionierungsservice (HEPS). Mit diesem können durch Vermessung der Trägerwelle (Trägerphasenmessung) Genauigkeiten im Bereich von einigen Zentimetern in Echtzeit erreicht werden. Allerdings ist dazu ein spezieller GPS-Empfänger erforderlich, der in der Lage ist, die Daten zu verarbeiten (RTK-fähiger Empfänger). Auch hier sind die Kosten in den Bundesländern unterschiedlich und belaufen sich auf 3–20 Cent pro Minute. Für einen behördlichen Dienst ist das durchaus beachtlich.

Wer es noch genauer will (oder besser: braucht), dem wird von SAPOS der Geodätische Postprocessing Positionierungs-Service angeboten. Wie der Name sagt, ist dieser Service kein Echtzeitdienst, man erhält hingegen die äußerst genauen Korrekturdaten der Referenzstation nachträglich, beispielsweise via Email, und kann damit selbst erstellte Messwerte bis zu einer Genauigkeit von unter einem Zentimeter optimieren. Dieser Service ist insbesondere bei Vermessungsaufgaben oder eben in der Geodäsie interessant. Die Preise sind gestaffelt und beginnen bei 20 Cent pro Minute Datenmaterial.

Da sich die Verwendung des aufwändigeren und meist mit
Mehrkosten verbundenen DGPS immer nach den Anforderungen
an die Messgenauigkeit richtet, ist es nicht verwunderlich, dass es
in verschiedenen Bereichen des Verkehrswesens entsprechende
Referenzstationen gibt. Für die Seefahrt in Europa wurden in
Küstennähe und auch für Binnengewässer DGPS-Stationen ein-
gerichtet, welche dort eine auf wenige Meter genaue Ortung sicherstellen. Die Korrekturdaten werden über Funk (Mittelwelle) übertragen, wodurch Reichweiten von einigen Hundert Kilometern
gewährleistetsind. Zu beachten ist zwar, dass der Genauigkeits-
gewinn durch DGPS mit zunehmendem Abstand zur Referenzstation abnimmt, jedoch sind auch die Anforderungen an die Präzision der Ortung auf offener See deutlich geringer als beispielsweise
im Hafenbereich (Abb. 3.24).

Mit die höchsten Ansprüche an die Genauigkeit stellt wohl die
Luftfahrt (Tab. 3.5). Dabei wird im Landeanflug zwischen ver-

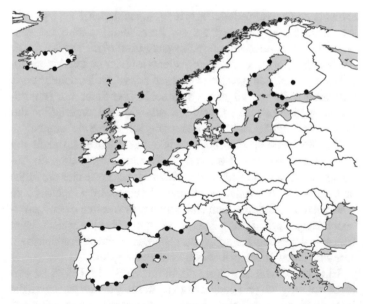

Abb. 3.24 Netz von DGPS-Stationen für die europäische Seefahrt. (Quelle:
Autor)

Tab. 3.5 Genauigkeitsanforderungen verschiedener Flugzustände

Flugzustand	Maximal zulässige horizontale Abweichung	Maximal zulässige vertikale Abweichung	Für zivile Nutzer erreichbar
Streckenflug	300 m	60 m	20 m (GPS), besser 1 m mit (DGPS)
Landeanflug Cat I (Instrumentenanflug mit Sichtweite von mindestens 500 m)	20 m	5 m	
Landeanflug Cat II (Instrumentenanflug mit Sichtweite von mindestens 300 m)	10 m	2 m	
Landeanflug Cat III (Instrumentenanflug mit Sichtweite von mindestens 50 m)	6 m	0,6 m	

schiedenen Genauigkeitskategorien unterschieden. Diese richten sich nach der Sichtweite bzw. der Entscheidungshöhe, bei welcher die Cockpitbesatzung spätestens entscheiden muss, ob der Landeanflug fortgesetzt und gelandet wird oder ob der Anflug abgebrochen und durchgestartet werden muss. Es ist naheliegend, dass hierbei, insbesondere bei sehr schlechter Sicht, nur sehr zuverlässige und präzise Messungen zulässig sind, da letztlich das Leben der Fluggäste und der Besatzung auf dem Spiel stünde.

Zur Realisierung dieser Genauigkeit und Zuverlässigkeit mit einem Instrumentenlandesystem (ILS) nutzen Flugzeuge ab Anflügen der Kategorie Cat II Radarhöhenmesser, welche die Höhe über Grund sehr genau bestimmen können. Im Gegensatz zu einfacheren barometrischen Höhenmessern arbeiten diese wetterunabhängig. Vereinfacht gesagt, werden die Flugzeuge dann beim Instrumentenanflug bei schlechter Sicht mit einem Funkleitstrahl zum Flughafen und zur richtigen Landebahn geleitet.

Eine Instrumentenlandung allein mit GPS oder DGPS ist derzeit nicht möglich und auch nicht zugelassen, da insbesondere die Integrität des Systems nicht gewährleistet werden kann. Für einen Anflug nach Cat III müsste der Pilot spätestens nach zwei Sekunden über einen Fehler im System informiert werden können, was derzeit mit GPS und auch mit DGPS noch nicht realisierbar ist. Um möglichst über große Bereiche Integritätsinformationen für GPS zu erhalten, wurden satellitengestützte Ergänzungssysteme entwickelt und installiert.

3.4.2 WAAS und EGNOS

Wie in den vorangegangenen Abschnitten erläutert, haben zivile Nutzer von GPS mit einer Reihe von Nachteilen zu kämpfen. Im Wesentlichen sind das:

- Keine, beziehungsweise zu späte Integritätsinformationen über das System
- Abhängigkeit von der Satellitengeometrie und der Satellitenverfügbarkeit
- Nicht kalkulierbarer Navigationsfehler durch Brechung in der Ionosphäre

Der Ionosphärenfehler hängt von der nicht vorhersagbaren Sonnenaktivität ab und kann von „unbedenklich" bis „erheblich" schwanken (Abb. 3.25). Wie vorab beschrieben, stellt er seit der Abschaltung der künstlichen Verschlechterung SA die größte Fehlerquelle bei zivilen Nutzern dar, die nur mit der Frequenz L1 arbeiten können.

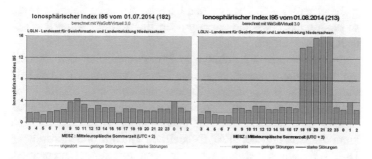

Abb. 3.25 Ionosphärischer Index für Deutschland an zwei verschiedenen Tagen. (Quelle: Autor)

Der Ionosphärische Index kann aus den Signalen der GPS- und GLONASS-Satelliten mit differentiellen Verfahren ermittelt und rechnerisch für bestimmte Bereiche in „Weltraumwetterkarten" erweitert werden. Man erhält auf diese Weise zwar nicht den ganz exakten Zustand der Ionosphärenbereiche, die das vom einzelnen Nutzer verwendete Satellitensignal durchläuft, aber doch eine ganz gute Näherung dafür.

Diese Messungen werden von Bodenstationen durchgeführt, und die zur Korrektur der Ionosphäreneinflüsse erforderlichen Daten werden über geostationäre Satelliten direkt an die GPS-Empfänger der Nutzer weitergegeben. Da auf diese Weise große Bereiche mit Zusatzinformationen versorgt werden können, nennt man ein solches Unterstützungssystem für GPS auch ein Wide Area Augmentation System (WAAS) (augmentation: Steigerung).

Zur Realisierung von WAAS werden von den USA drei geostationäre Satelliten betrieben. Als geostationär wird ein Satellit bezeichnet, welcher mit einer Umlaufdauer von 24 Stunden und einer Umlaufbahn über dem Äquator „erdsynchron" fliegt, also immer vom selben Ausschnitt der Erdoberfläche gesehen werden kann. Solche Satelliten werden immer dann eingesetzt, wenn man entweder einen ganz bestimmten Bereich der Erde dauerhaft vermessen will, beispielsweise zu meteorologischen Zwecken, oder wenn man einen ganz bestimmten Bereich mit Informationen versorgen möchte. Dies ist unter anderem in der Telekommunikation und bei Satellitenfernsehen der Fall. Aber auch bei den derzeit realisierten WAAS: Die von den USA betriebenen Satelliten sind so positioniert, dass sie einen großen Bereich Nordamerikas abdecken (Abb. 3.26).

Ihre Nachrichten beinhalten Informationen über den Zustand der Ionosphäre, beziehungsweise Korrekturdaten für GPS und die Integrität des Systems. Zudem senden sie ebenfalls GPS-Ortungssignale und helfen so, die Verfügbarkeit der Navigations-Satelliten zu erhöhen und den GDOP-Faktor zu verbessern. Man kann die Nutzung der WAAS-Satelliten gut mit bodengestützten DGPS-Verfahren vergleichen, nur eben mit dem Unterschied, dass ein größerer Bereich abgedeckt werden kann. Es leuchtet ein, dass die dabei erreichbare Genauigkeit nicht ganz mit der Nut-

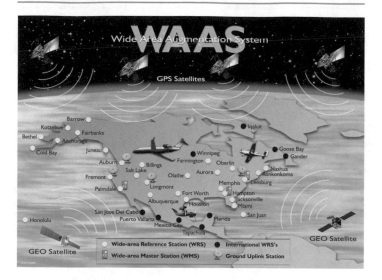

Abb. 3.26 Überblick über das US-Amerikanische WAAS. (Quelle: ESA)

zung bodengestützter DGPS-Stationen konkurrieren kann, da ein
größerer Bereich erfasst werden muss. Laut Konzeption soll das
US-Amerikanische System die Genauigkeit in der Horizontalen
auf mindestens 7,6 m (25 ft) verbessern. Tatsächlich wird in den
meisten Fällen in Nordamerika jedoch eine deutlich bessere
Genauigkeit von ungefähr einem Meter erreicht.

In Europa steht zur Verbesserung und Ergänzung von GPS seit
Oktober 2009 offiziell der European Geostationary Navigation
Overlay Service (EGNOS, europäischer geostationärer Über-
lagerungsservice) zur Verfügung, welcher die Funktion eines
europäischen WAAS hat (Abb. 3.27). Von der Konzeption und der
Funktionalität entspricht dieser Service exakt dem amerikanischen und ist mit diesem voll kompatibel. Die Korrekturdaten
werden ebenfalls über die Frequenz L1 übertragen, so dass
empfängerseitig keine weitere Empfangseinheit benötigt wird.
Der Positionsfehler wird mit EGNOS auf ungefähr 3 m reduziert.
Zudem erhält der Empfänger innerhalb von sechs Sekunden eine
Warnung, wenn eine gewisse Fehlertoleranz überschritten wird,
wodurch die Integrität des Systems gewährleistet ist. Mit Hilfe

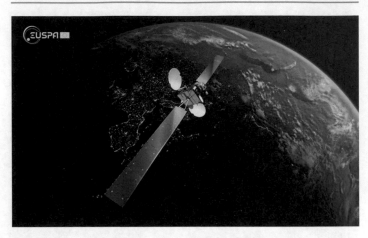

Abb. 3.27 Inmarsat 4F2 Satellit, der seit 2022 bei EGNOS eingesetzt wird. (Quelle: EUSPA)

von EGNOS werden die Anforderungen gewährleistet, die bei einem Präzisionsanflug der Kategorie III erforderlich sind. Die meisten modernen GPS-Empfänger haben die Möglichkeit, Zusatzinformationen zu verarbeiten, wie sie von EGNOS zur Verfügung gestellt werden.

Der Vollständigkeit halber sei noch erwähnt, dass es mittlerweile noch weitere, mit EGNOS und dem amerikanischen System vergleichbare und kompatible, satellitengestützte Ergänzungssysteme mit Satelliten über dem asiatischen Raum gibt. Da deren Funktionsweise im Wesentlichen der bereits beschriebenen entspricht, soll jedoch auf diese nicht weiter eingegangen werden. Insgesamt hat die Satellitennavigation mittlerweile Einzug in derartig viele Bereiche des modernen Lebens gehalten, dass es nicht überrascht, dass auch andere Nationen eige ne Satellitenortungssysteme entwickelt haben und betreiben.

GLONASS

4

Ebenso wie das US-Amerikanische GPS, hatte auch das Mitte der 1970er-Jahre vom sowjetischen Verteidigungsministerium in Auftrag gegebene GLONASS einen Vorgänger, ein wenig bekanntes System namens CIKADE, auf welches jedoch nicht weiter eingegangen werden soll. Das Wort GLONASS ist ein Akronym für Globalnaja nawigazionnaja sputnikowaja sistema, also „Globales Satellitennavigationssystem" das als Antwort der UDSSR auf GPS gedacht war. Da die ursprünglichen Anforderungen an GLONASS denen von GPS identisch sind, überrascht es wenig, dass es zwischen beiden Systemen viele Gemeinsamkeiten gibt. Nichtsdestotrotz gab und gibt es aber auch Unterschiede, welch im Folgenden genauer beleuchtet werden, wohingegen die prinzipiellen Ortungsmechanismen, welche denen von GPS entsprechen, nicht noch einmal erklärt werden.

4.1 Systemarchitektur

Ähnlich GPS kann man auch GLONASS in die drei Segmente Bodensegment, Raumsegment und Nutzersegment untergliedern. In allen drei Bereichen gibt es klare Parallelen zu GPS, aber eben auch Unterschiede, welche beispielsweise anderen geographischen Voraussetzungen geschuldet sind. Interessant ist in diesem Zusammenhang, dass man davon ausgehen kann, dass

© Springer-Verlag GmbH Deutschland, ein Teil von Springer Nature 2022
T. Schüttler, *Satellitennavigation*, Technik im Fokus,
https://doi.org/10.1007/978-3-662-58051-6_4

beide Systeme ungefähr zur gleichen Zeit unter ähnlichen wissenschaftlichen Voraussetzungen jedoch auf Grund des Kalten Krieges ohne freien wissenschaftlichen Austausch entwickelt wurden
(wozu Spionage wohl nicht zu zählen ist). Der Umstand, dass sich
beide Systeme dennoch in sehr vielen Punkten ähneln lässt den
Schluss zu, dass die Grundkonzeption eines Globalen Satellitenortungssystems in den genutzten Verfahren eine Art Optimum er-
fährt, was jedoch nicht bedeutet, dass es bei beiden Systemen
keine Verbesserungsmöglichkeiten gäbe. So erscheint die geographische Verteilung der GLONASS-Bodenstationen beispielsweise als nicht wirklich optimal.

4.1.1 Bodensegment

Als Bodensegment bezeichnet man auch bei GLONASS die
Gesamtheit der auf dem Erdboden befindlichen Kontroll- und
Sendestationen. Die Aufgaben des Boden- oder auch Kontroll-
segments sind die Voraussage und Ermittlung der Bahndaten
der Satelliten, die Übermittlung der gesamten Navigationsmitteilung inklusive Almanach (Bahndaten aller GLONASS-Satelliten) an die einzelnen Satelliten, die Synchronisation der
Satellitenzeit mit der Systemzeit, die Kontrolle des Zustandes
aller Satelliten und die Sicherstellung der Funktion des gesamten Systems, beispielsweise durch Lagekorrekturen der Satelliten. Diese Aufgaben werden von einem Netz aus Bodenstationen, welche früher über das Gebiet der UDSSR verteilt
waren, sich heute jedoch fast nur noch auf russischem Territorium befinden, erfüllt.

Das System Kontrollzentrum (SCC), welches früher militärisch geleitet wurde, befindet sich in Krasnoznamensk (ehemals
Golitsyno-2), 70 km südwestlich von Moskau und untersteht der
russischen Raumfahrtbehörde Roskosmos. Das SCC plant, leitet
und koordiniert das gesamte GLONASS-Netzwerk. In Moskau
selbst sind zwei Zentren, welche für die Systemzeit und deren
Kontrolle an Bord der Satelliten verantwortlich sind. Fünf so genannte Kontroll- und Trackingstationen (TT&C) bestimmen die
Bahnen der GLONASS-Satelliten und übermitteln ihnen eventu-

ell notwendige Kommandos zur Bahnkorrektur. Hinzu kommen sechs eigenständige Monitoringstationen (MS) zur Überwachung des Systems. Solche befinden sich zudem auch am SCC und an drei TT&C Stationen, sodass insgesamt zehn Monitoringstationen zur Verfügung stehen. Alle Bodenstationen befinden sich aktuell auf dem Gebiet der russischen Föderation. Die Betreiber planen jedoch eine weltweite Verbreitung von GLONASS-Monitoringstationen, da sich die Ortungsgenauigkeit auf diese Weise deutlich verbessern ließe. Dieses Vorhaben wird jedoch insbesondere von den USA mit einigem Argwohn betrachtet, da befürchtet wird, dass die GLONASS-Stationen auch zur Spionage missbraucht werden könnten.

Zwei weitere Bodenstationen in Komsomolsk am Amur und in Schelkovo bei Moskau vermessen die Satellitenpositionen mit Lasersystemen (so genannte Laser-Tracking-Stationen LTS), wobei Entfernungsmessfehler von maximal 3 cm angegeben werden (Abb. 4.1).

Insgesamt ist der Wunsch der GLONASS-Betreiber nachvollziehbar, eine größere weltweite Verteilung ihrer Bodenstationen zu erreichen, da nur so sichergestellt werden kann, dass zu jeder Zeit zu jedem Satelliten von mindestens einer Bodenstation Kontakt hergestellt werden kann.

Abb. 4.1 Verteilung der GLONASS-Bodenstationen. (Quelle: Autor)

4.1.2 Raumsegment

Nach der Konzeption aus dem Jahre 1986 besteht das GLONASS-Raumsegment aus 24 operationellen Satelliten auf drei Bahnebenen und sechs weiteren Reservesatelliten. Die 24 Satelliten sind dabei gleichmäßig auf die drei Bahnen verteilt, was bedeutet, dass sich jeweils acht Satelliten einen gemeinsamen Orbit teilen. Die Orbits haben demnach einen Abstand von 120° und sind als Kreisbahnen mit einer Bahnhöhe von 19.100 km über der Erdoberfläche ausgelegt. Ihre Neigung (Inklination) gegenüber der Äquatorebene beträgt 64,8° (zum Vergleich: bei GPS sind es 55°), was prinzipiell zu einer besseren Satellitenverfügbarkeit in nördlichen Gefilden führt als bei GPS – genauer: der Erhebungswinkel der GLONASS-Satelliten über dem Horizont ist im Norden größer als bei vergleichbaren GPS-Satelliten, womit der geographischen Lage Russlands beziehungsweise ehemals der Sowjetunion Rechnung getragen wurde (Abb. 4.2).

Die Umlaufdauer der Satelliten beträgt 11 Stunden und 15 Minuten (11 Stunden 58 Minuten bei GPS). Die gewählte Konstellation gewährleistet, dass bereits mit 21 Satelliten von 97 % der Erdoberfläche aus mindestens vier Satelliten und bei insgesamt 24 Satelliten mindestens fünf Satelliten von 99 % der Erdoberfläche aus sichtbar sind.

Der erste GLONASS-Satellit wurde 1982 gestartet, worauf weitere 18 Block I-Satelliten zur Erprobung des Systems folgten. Allen war ihre sehr geringe Lebensdauer von nur etwa einem Jahr gemein. Daher wurden in der nächsten Satellitengeneration Block II, welche von 1985 bis 1990 ins All gebracht wurde, Verbesserungen vor allem an den Atomuhren vorgenommen, was die Lebensdauer auf etwas mehr als drei Jahre erhöhte. So konnte 1996 erstmals mit dann 21 operationellen und drei Reservesatelliten die volle Betriebsbereitschaft erreicht werden. In der Zeit von 1982 bis 1997 wurden insgesamt 69 GLONASS-Satelliten ins Weltall befördert, was deren geringe Lebensdauer deutlich macht. Und so kam es, dass nach dem Zusammenbruch der Sowjetunion die Anzahl der verfügbaren Satelliten deutlich zurückging und die operationelle Betriebsbereitschaft wieder verlorenging.

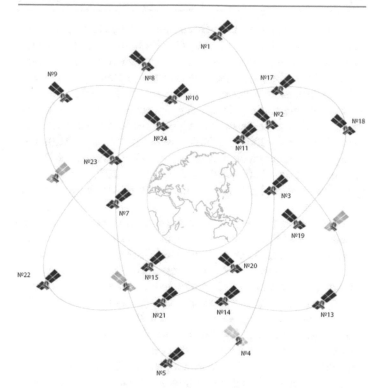

Abb. 4.2 Konstellation der GLONASS-Satelliten. (Quelle: ESA)

Ab 1990 wurde mit der Entwicklung der wiederum verbesserten GLONASS-Satelliten der zweiten Generation, den Uragan-M Satelliten, begonnen, welche Lebensdauern von sieben Jahren erreichen sollten. 2003 wurde der erste Uragan-M Satellit gestartet und bis 2013 folgten 40 weitere. Die Satelliten haben eine Masse von knapp 1,5 Tonnen und ihre Solarpanele haben eine Spannweite von 7,2 m, wobei sie 1600 Watt an Leistung zur Verfügung stellen. Die Satelliten senden unter anderem zwei zivile Signale in unterschiedlichen Frequenzbändern aus, wodurch der Ionosphärenfehler eliminiert werden kann.

Der erste Satellit dieses Typs wurde 2001 gestartet und viele weitere folgten: Bis zum Jahr 2020 wurden 51 Uragan-M Satelliten gestartet, von denen 45 in Betrieb gingen. Der älteste aktuell noch operationell betriebene Satellit dieser Serie ist seit 2007 und damit bereits 15 Jahre im All. Die Probleme mit den kurzen Lebensdauern wurden also offenbar weitgehend gelöst. Ab 2011 konnte durch die vielen Satellitenstarts die Betriebsbereitschaft mit mindestens 24 Satelliten wiederhergestellt werden. Dies gelang nicht zuletzt durch Druck der russischen Regierung, welche GLONASS eine große Bedeutung einräumte. So wurden in den zehn Jahren von 2001 bis 2011 insgesamt fast vier Milliarden Euro und damit etwa ein Drittel des gesamten russischen Raumfahrtbudgets in GLONASS investiert, bis 2020 wurden umgerechnet weitere 7,5 bis 10 Milliarden Euro für die Modernisierung investiert.

Ein Großteil der Mittel floss in den Bau und den Start der vielen Uragan-M Satelliten und die Entwicklung der neuen Satellitengeneration Uragan-K. Diese neusten GLONASS Satelliten werden die Vorgängerbaureihe sukzessive ersetzen. Der erste Start fand bereits 2011 statt. Bis 2022 wurden jedoch 19 Satelliten der Baureihe M und nur drei weitere vom Typ K ins All geschossen. Eine wesentliche Neuerung der neuen Satellitenserie ist eine Erweiterung der GLONASS Signale um solche, die denen von GPS und Galileo ähnlicher sind. Bei den ursprünglichen GLONASS-Signalen wird auf ein Frequenzmultiplexverfahren gesetzt. Dieses wird weiter unten noch genauer ausgeführt. Die neuen Signale, die in einer Testversion von den meisten ab 2014 gestarteten Satelliten abgestrahlt werden, nutzen zusätzlich das von GPS bekannte Codemultiplexverfahren, welches auch bei Galileo und dem chinesischen Beidou-System verwendet wird. Auf diese Weise soll eine bessere Interoperabilität der Systeme möglich werden. Zurzeit befinden sich 26 funktionstüchtige GLONASS-Satelliten im All, von denen 22 im operationellen Betrieb sind. Damit ist die globale Abdeckung mit GLONASS gewährleistet.

4.1.3 Nutzersegment

Alle Nutzer von GPS kommen prinzipiell auch für GLONASS in Frage, da auch dieses System über einen zivilen und einen rein militärischen Kanal verfügt. Im Gegensatz zu GPS gab es jedoch nie die Möglichkeit der künstlichen Verschlechterung (selective availability), weshalb man bis zu deren Abschaltung mit GLO-NASS als ziviler Nutzer prinzipiell bessere Ergebnisse erzielen konnte als mit GPS. Mittlerweile gibt es in dieser Richtung im Prinzip keine Unterschiede mehr zwischen beiden Systemen, die geringfügig höhere Genauigkeit von GPS heutzutage kommt durch eine bessere Verfügbarkeit der Satelliten zustande.

Mit neuen Mehrkanalempfängern in Smartphones hat sich die Nutzung von GLONASS auch außerhalb Russlands mittlerweile durchgesetzt. Dies führt insbesondere gemeinsam mit GPS zu deutlichen Vorteilen gegenüber der Nutzung von nur einem System. Daher gibt es neben Smartphones auch viele eigenständige GPS-Empfänger, die mit beiden Systemen arbeiten können (also eigentlich GPS-GLONASS-Empfänger). Oft sind diese zudem für den Empfang von Signalen des europäischen Galileo-Systems geeignet. Solche so genannten GNSS-Empfänger sind mittlerweile preisgünstig auf dem Markt erhältlich. Sie vereinen die Vorteile aller drei (teilweise auch noch mehr) Satellitennavigationssysteme (Abb. 4.3). Auch viele neuere höherwertige Smartphones bieten diese Möglichkeit.

Die technischen Herausforderungen bei der Herstellung entsprechender Geräte resultiert aus einem der wenigen wirklichen Unterschiede in der Realisierung von GLONASS und GPS, welcher im Folgenden im Rahmen der Beschreibung der Funktionsweise des Systems beschrieben wird.

4.2 Funktionsprinzip

Die grundsätzliche Funktionsweise von GLONASS entspricht der von GPS. Mit Hilfe einer Trägerwelle werden durch Phasenmodulation (BPSK-Verfahren) unter Verwendung eines Pseudozufalls-Codes Daten, die Navigationsmitteilung, übertragen. Die Übertragungsgeschwindigkeit beträgt ebenfalls 50 Bit pro Sekunde, die gesamte Navigationsmitteilung benötigt mit 7500 Bit demnach 2,5 Minuten, um übertragen zu werden.

Wie bei GPS auch, ist die Navigationsmitteilung in Unterrahmen aufgeteilt, welche 1500 Bit lang sind, womit sich ins-

Abb. 4.3 Garmin
etrex10, ein GPS und
GLONASS fähiger
Handempfänger für etwa
100 €. (Quelle: Garmin)

Abb. 4.3 Garmin etrex10, ein GPS und GLONASS fähiger Handempfänger für etwa 100 €. (Quelle: Garmin)

gesamt fünf Unterrahmen ergeben. Die Übertragung eines Unterrahmens dauert damit 30 Sekunden. Er beinhaltet neben den genauen Bahndaten des übertragenden Satelliten auch die angenäherten Ephemeriden von fünf weiteren GLONASS-Satelliten. Wenn ein Nutzer alle Angaben aller Satelliten benötigt, muss er im ungünstigsten Fall 2,5 Minuten warten.

Zur Übertragung der Informationen stehen zwei Trägerfrequenzen L1 und L2 zur Verfügung, auf welche Codes aufmoduliert werden. Analog zu GPS werden dabei zwei verschiedene als C/A-Code und P-Code bezeichnete Codes zur verwendet. Während der C/A-Code auf beiden Signalen frei zugänglich ist, ist der P-Code wie bei GPS verschlüsselt und steht nur militärischen Nutzern zu Verfügung. Der C/A-Code ist mit einer Länge von 511 Chip im Vergleich zu den 1023 Chips bei GPS relativ kurz. Die Übertragungsdauer eines C/A-Codes beträgt ebenfalls eine Millisekunde. Das den Code erzeugende Polynom hat die Form

$$G(x) = 1 + x^5 + x^9.$$

Der P-Code ist mit 33.554.432 Chips länger als der C/A-Code und wiederholt sich sekündlich. Damit ist er ebenfalls deutlich kürzer als der entsprechende Code bei GPS, was das Einrasten eines Empfängers zwar beschleunigt, jedoch zu Lasten der Störsicherheit des Codes geht. Er geht aus dem Polynom $G(x) = 1 + x^3 + x^{25}$ hervor. Die mit dem P-Code übertragene Navigationsmitteilung ist gegenüber der zivil nutzbaren umfangreicher und enthält genauere Daten. Daher dauert die Übertragung dieser Nachricht mit dem P-Code mit maximal zwölf Minuten auch deutlich länger.

Der Empfänger empfängt das überaus schwache Signal wiederum mit dem als Autokorrelation bezeichneten Verfahren, bei welchem das Eingangssignal mit einem entsprechenden im Empfänger erzeugten Signal verglichen (korreliert) wird. Im Gegensatz zu GPS übertragen alle GLONASS-Satelliten denselben Code, da die Zuordnung zu den einzelnen Satelliten auf eine andere Art realisiert wurde. Während bei GPS alle Satelliten ihre Daten mit derselben Frequenz L1 beziehungsweise L2 aussenden und eine Unterscheidung der einzelnen Satelliten durch deren spezifischen Code erfolgt (Code Division Multiplex Acces, CDMA), werden die Satelliten bei GLONASS anhand ihrer Frequenzen unterschieden (Frequency Division Multiplex Acces, FDMA).

Das FDMA-Verfahren, bei welchem auf verschiedenen Kanälen gesendet wird, ist vom Fernsehen und vom Rundfunk her bekannt. Im Falle von GLONASS stehen folgende Frequenzen zur Verfügung:

Frequenz des Signals L1:

$$f_1 = 1602 + k \cdot 0,5625 \text{MHz},$$

wobei k = −7, −6, −5, ..., +7 ist. Damit ergeben sich insgesamt 15 verschiedene Frequenzen im Bereich von 1598,0625 MHz bis 1605,9315 MHz.

Frequenz des Signals L2:

$$f_2 = 1246 + k \cdot 0,4375 \text{MHz},$$

wobei k = −7, −6, −5, …, +7 ist. Damit ergeben sich auch hier insgesamt 15 verschiedene Frequenzen im Bereich von 1242,9375 MHz bis 1249,0625 MHz.

Bleibt die Frage, wie 15 verschiedene Signale für die Unterscheidung von (mindestens) 24 Satelliten ausreichen können. Die Idee ist simpel und entsprechend schön: Wenn man einen bestimmten Satelliten empfangen kann, ist sichergestellt, dass man den sich exakt entgegengesetzt auf der Bahn befindlichen, so genannten antipodalen Satelliten, nicht empfangen kann, da die Erde im Weg steht. Man teilt nun ganz einfach antipodalen Satelliten denselben Kanal zu und stellt damit sicher, dass es zu keinen Überschneidungen kommt. Das funktioniert gut, so lange sich der Nutzer auf der Erde befindet. Für Anwendungen im Weltall beispielsweise auf der Internationalen Raumstation ISS muss man zur eindeutigen Erkennung der Satelliten noch deren Bewegungsrichtung, beziehungsweise deren Geschwindigkeit, mit Hilfe des Dopplereffektes messen.

Die Auswertung der gemessenen Daten erfolgt, wie bei GPS auch, durch Messung der zeitlichen Verschiebung der Codes und Auswerten der Navigationsmitteilung. Es werden dabei ebenfalls Genauigkeiten zwischen 5 und 10 m erreicht, mit im Grunde denselben Fehlerquellen wie bei GPS. Ein Problem bei der gemeinsamen Nutzung von GLONASS und GPS besteht in der Verwendung unterschiedlicher Bezugssysteme. Während sich GPS auf das Geodätische Weltsystem WGS84 bezieht, nutzt GLONASS das russische System PZ-90 (Parametri Zenli). Jedoch wurde 2007 das Referenzdatum des PZ-90 aktualisiert, so dass es sich vom WGS 84 nur noch um weniger als 40 cm unterscheidet. Auf diese Weise sind früher erforderlich gewesene, komplizierte und nur lokal realisierbare Umrechnungen überflüssig geworden.

Insgesamt ist daher eine gemeinsame Nutzung von GLONASS und GPS aus heutiger Sicht aus verschiedenen Gründen sinnvoll: zusätzlich zu den 32 GPS-Satelliten können weitere 24 GLONASS-Satelliten genutzt werden, wodurch sich in den meisten Fällen eine bessere Satellitengeometrie ergibt. Und da beide Systeme unabhängig voneinander betrieben werden, können sie als redundant angesehen werden – es erscheint doch eher unwahrscheinlich, dass beide Systeme gleichzeitig ausfallen könnten. Da diese

gemeinsame Nutzung auch von der russischen Regierung an-
gestrebt wird, werden die neuen GLONASS-Satelliten vom Typ
Uragan-K1 (GLONASS-K) ihr Selektionsverfahren ebenfalls um
das CDMA-Verfahren erweitern und nicht mehr ausschließlich
über die Kanalauswahl (FDMA) arbeiten, was die Empfänger-
produktion wiederum vereinfacht.

Ebenso wie GPS hat auch GLONASS einen gewissen Nachteil, der in seiner militärischen Grundkonzeption besteht. Das
erste und wohl auch einzige, gänzlich aus zivilen Mitteln finan-
zierte Globale Satellitennavigationssystem, kommt aus Europa
und heißt Galileo.

Galileo

Wenn man Beiträge zum europäischen Satellitennavigations-system Galileo liest, fallen einige signifikante Unterschiede zu den beschriebenen globalen Satellitenortungssystemen (GNSS) GPS und GLONASS auf: Es wird beispielsweise immer auf die zivile Kontrolle von Galileo hingewiesen. Auch die beim Aufbau zu erwartenden Kosten sowie Verzögerungen – zum Teil aus politischen, manchmal auch aus technischen Gründen – werden dargestellt. Insgesamt erhält man den Eindruck, sehr viele Personen hätten zu diesem Thema etwas zu sagen und genau das ist ja glücklicher Weise auch der Fall!

Ein ganz entscheidender Unterschied zwischen einem militärischen und einem zivilen System ist nämlich, dass bei letzterem viel mehr Menschen Einblick in die Entstehung haben und auch viel mehr Personen ein Mitspracherecht einfordern. Dies ist bei Galileo noch ausgeprägter, da das gesamte Projekt von Anfang an als europäische Gemeinschaftsaufgabe angelegt wurde, was letztlich auch bedeutet, dass eben nicht nur eine einzige Institution die Entscheidungen fällt, sondern sich immer wieder verschiedene Einrichtungen verschiedener europäischer Länder zu Kompromissen bereit erklären müssen.

Die Entscheidung, ein eigenes europäisches Satellitennavigationssystem zu entwickeln und aufzubauen, geht auf das TEN-Projekt (Transeuropäische Netze) zurück, welches die Entwicklung eines europäischen Binnenmarktes sowie den wirtschaftlichen und sozialen Zusammenhalt in der Union fördern sollte. In

© Springer-Verlag GmbH Deutschland, ein Teil von Springer Nature 2022
T. Schüttler, *Satellitennavigation*, Technik im Fokus,
https://doi.org/10.1007/978-3-662-58051-6_5

diesem wurde bereits 1994 Galileo als Projekt mit hoher Priorität beschrieben, aber erst am 26. Mai 2003 einigte man sich auf die Finanzierung. Es wurde entschieden, dass die Entwicklungskosten von damals geschätzt 1,1 Milliarden Euro zu gleichen Teilen von der europäischen Raumfahrtagentur ESA (European Space Agency) und der EU getragen werden sollten, wobei die ESA-Mitglieder Deutschland, Italien, Frankreich und Großbritannien gemeinsam für 70 % der Kosten, Spanien für 10 % und die übrigen ESA-Mitgliedsländer für die restlichen 20 % des 550 Millionen Euro teuren Anteils der ESA aufkommen sollten. Ziel war, das System bis zum Jahr 2008 vollständig ausgebaut zu haben. Die Kosten für die Inbetriebnahme der operationellen Satelliten und der Betrieb des Systems sollten in einer Public Private Partnership von privaten Investoren übernommen werden.

Jedoch wurden bereits kurz nach der Veröffentlichung dieses Finanzierungsvorhabens Zweifel über dessen Realisierbarkeit laut, die letztlich auch Recht behalten sollten. Das Vorhaben der Miteinbeziehung nicht öffentlicher Investoren scheiterte an zu hohen Kosten und Risiken. Und so musste die Finanzierung 2007 schließlich gegen den Willen Deutschlands allein durch Mittel der EU sichergestellt werden. Im Jahr 2013 beschloss das Europäische Parlament die Finanzierung von Galileo und EGNOS bis ins Jahr 2020 sicherzustellen. Die Ausgaben für die europäische Satellitennavigation beliefen sich im Zeitraum von 2014 bis 2020, laut EU-Parlament, auf sieben Milliarden Euro, wobei bereits über 1,8 Milliarden Euro für die Entwicklung der ersten Testsatelliten angefallen waren. Für die Fertigstellung des Systems und den Betrieb stellt die Europäische Kommission in den Jahren 2021 bis 2027 weitere 8,0 Milliarden Euro zur Verfügung. Damit wird für das Galileo-System mehr als die Hälfte des gesamten Weltraumbudgets der EU von 14,9 Milliarden Euro für diesen Zeitraum bereitgestellt.

Bei allen Berichten über explodierende Kosten und Unstimmigkeiten bei der Finanzierung wird leicht übersehen, wie viele verschiedene Länder an diesem Großprojekt und damit letztlich auch an dessen Kosten beteiligt sind. Neben den Mitgliedsstaaten der EU sind dies China, Indien, Israel, Marokko, Saudi-Arabien, Schweiz (Mitglied der ESA), Norwegen (Mitglied der ESA), Südkorea sowie die Ukraine. Die Beteiligungen reichen von finanziellen Beiträgen über (Software-) Entwicklungsaufgaben bis hin zu Entwicklung und Bau der hochgenauen Rubidium- und Wasserstoffuhren, welche – wenig überraschend – aus der Schweiz kommen (Abb. 5.1).

Die investierten Mittel kommen auf diesem Wege bereits bei der Entwicklung von Galileo direkt oder indirekt der europäischen Wirtschaft und insbesondere technologischen Entwicklung zu Gute. Der Wissenschaftlich-technische Mehrwert von Galileo besteht in der

Unabhängigkeit:	Galileo ist komplett unabhängig und eigenständig. Auch wenn es den USA in Extremsituationen durch die Wahl der Galileofrequenz möglich ist, das Galileosignal zu stören ohne dabei GPS zu behindern. Diese Möglichkeit existiert im Prinzip auch umgekehrt und stellt aus heutiger Sicht keine Option dar.
Verfügbarkeit:	Galileo ist global verfügbar und als ziviles System nicht durch kriegerische Auseinandersetzungen eingeschränkt.
Genauigkeit:	Durch die günstige Satellitengeometrie, das weltumspannende Bodensegment und moderne Satellitentechnik, wie sie bei GPS erst den BLOCK III Satelliten zur Verfügung steht, kann Galileo mit Fehlern kleiner als vier Metern genauere Positionen liefern als GPS allein. Eine Ergänzung mit EGNOS und anderen differenziellen Verfahren ist selbstverständlich ebenfalls möglich.
Kompatibilität:	Die Kompatibilität zu GPS und später auch zu GLONASS erweitert die Möglichkeiten der Satellitennavigation enorm. Anstatt lediglich beispielsweise sechs GPS-Satelliten kann man so künftig noch weitere sechs Galileo- oder GLONASS-Satelliten empfangen.
Interoperabilität:	Bei der Konzeption von Galileo und auch von passenden Empfängern war eine gemeinsame Nutzung von GPS und Galileo von vornherein vorgesehen. Auf diese Weise ergibt sich die Möglichkeit, beide Systeme nicht nebeneinander, sondern gemeinsam zu nutzen. Dies wird nach Abschluss der Modernisierung von GPS in vollem Umfang möglich sein.

Nutzerspezifische Dienste:	Neben dem im Vergleich zu GPS und GLONASS bereits deutlich genaueren Galileo-Open Service wird Zivilpersonen ein zusätzlicher, hochgenauer Dienst in einem anderen Frequenzband angeboten, welcher Genauigkeiten bis in den Zentimeterbereich liefern soll. Hinzu kommen weitere Dienste, die jedoch nur speziellen autorisierten Nutzergruppen zur Verfügung stehen. Die verschiedenen Galileo-Dienste sowie die technische Realisierung derselben werden in den folgenden Abschnitten erklärt.

Abb. 5.1 Wasserstoff Atomuhr (passiver Wasserstoff Maser) der Galileosatelliten. (Quelle: Wikipedia)

5.1   Systemarchitektur

Die von der ESA aufgestellten „Allgemeinen Technischen Forderungen" an Galileo sollten die Erwartungen potenzieller Nutzer des Systems erfüllen und wurden im Februar 1999 festgelegt. Die wichtigsten Punkte waren:

Ziel: Lieferung hochgenauer Entfernungs- beziehungsweise Positionsinformationen und Uhrzeitangaben mit globalem Empfang.

Die Positionsgenauigkeit sollte dabei unter Verwendung von einer Frequenz mit einer Wahrscheinlichkeit von 95 % bei ± 15 m in der Horizontalen und ± 35 m in der Vertikalen liegen. Bei Nutzung von zwei Frequenzen sollen sich diese Werte auf ± 4 m horizontal bzw. ± 7,7 m vertikal verbessern. Die Uhrzeit sollte mit ebenfalls 95 % eine maximale Abweichung von ± 30 ns aufweisen. Mit einer Systemverfügbarkeit von 99,7 % soll die Übertragung als quasi sicher anzunehmen sein. Darüber hinaus soll das System in der Lage sein, bei Abweichungen (mit zwei Frequenzen) von mehr als 12 m horizontal und 20 m vertikal innerhalb von sechs Sekunden Alarm auszulösen und damit die Integrität des Systems gewährleisten.

Um diese Anforderungen zu erfüllen, musste die Konzeption von Galileo, wenngleich sie der von GPS und GLONASS in vielen Punkten ähnelt, mit Mitteln der Technik des 21. Jahrhunderts doch in einigen Punkten anders gestaltet werden als bei den älteren Systemen.

5.1.1 Bodensegment

Einen großen Unterschied zu GPS und GLONASS sieht man auf Anhieb beim Umfang des Galileo-Bodensegmentes. Dieses ist so umfangreich wie kein anderes und trägt damit insbesondere dem Wunsch nach Genauigkeit und Systemintegrität Rechnung. Die Kontrolle des Gesamtsystems wird von den beiden voneinander unabhängigen Galileo-Kontrollzentren (GCC) in Oberpfaffenhofen nahe München und in Fucino in Italien aus bewerkstelligt. Beide Stationen sind redundant zueinander, so dass der unwahrscheinliche Ausfall einer von beiden noch keinen Systemausfall bedeuten würde. Den GCCs kommt die Aufgabe zu, das Gesamtsystem zu überwachen, zu steuern und zu koordinieren. Zu diesem Zweck sind sie mit einem umfassenden Netzwerk weiterer weltweit verteilter Stationen verbunden (Abb. 5.2).

Sechs Telemetry, Tracking and Command Stationen (TT&C) überwachen die Telemetriedaten der Satelliten und übertragen Kommandos der Kontrollstationen. Sie befinden sich im schwedischen Kiruna, im belgischen Bedu und in Kourou, in Französisch-Guayana, im Norden Südamerikas sowie darüber hinaus in den französischen Überseegebieten französisch Polynesien (Papetee),

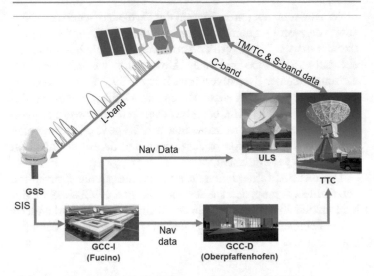

Abb. 5.2 Netzwerk der Galileo Bodenstationen. (Quelle: ESA)

auf Reunion und in Neukaledonien (Noumea). Die Satellitensignale werden von Sensor-Stationen, den GSS (Galileo Sensor
Station), welche weltweit verteilt sind, empfangen und überwacht. Die gesammelten Daten werden wiederum an die Galileo-
Kontrollzentren weitergeleitet. Der Daten-Uplink für die Aktuali-
sierung der Navigationsnachricht wird von fünf Standorten mit
jeweils zwei Sendestationen (Uplink Station, ULS) pro Standort
sichergestellt. Hinzu kommen weitere Zentren in ganz Europa,
die für spezielle Dienste sowie die Performance und Sicherheit
des Systems zuständig sind. Abb. 5.3 gibt einen Überblick über
die weltweite Verteilung der verschiedenen Bestandteile des
Bodensegments.

5.1.2 Raumsegment

Das Raumsegment besteht bei Galileo im Vollausbau aus insgesamt 30 Satelliten, von denen drei als Reservesatelliten fungie-
ren sollen. Die Satelliten bewegen sich auf drei unterschiedlichen

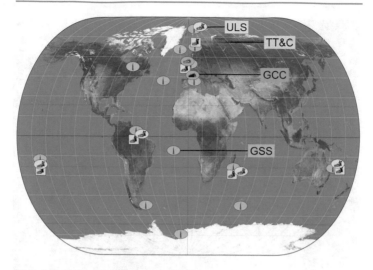

Abb. 5.3 Galileo Bodensegment. (Quelle: Autor)

um 120° gegeneinander verschobenen Bahnebenen in einer so genannten Walker-Konstellation mit einer Neigung (Inklination) gegen die Äquatorebene von 56°. Ihre Umlaufdauer beträgt bei einer Bahnhöhe von 23.222 km ungefähr 14 Stunden. Die Satellitenkonstellation ist wie bei GPS und GLONASS so gewählt, dass eine weltweite Abdeckung gewährleistet ist, wobei in den meisten Fällen sechs bis acht Galileo-Satelliten sichtbar sein werden (Abb. 5.4).

Die Galileosatelliten können in drei Gruppen unterteilt werden: Mit den beiden ersten Probesatelliten GIOVE-A und GIOVE-B wurden in den Jahren 2005 und 2008 die ersten systematischen Tests insbesondere der verwendeten Rubidium- und Wasserstoff-Maser-Uhren erfolgreich durchgeführt. Ihnen kamen noch keine echten Navigationsaufgaben zu. Eine wichtige, wenn auch nicht einzige Aufgabe von GIOVE-A bestand darin, die von Galileo verwendeten Frequenzen zu sichern. Darüber hinaus konnten mit diesen Satelliten aber auch mehr Details über die Galileosignale erforscht werden, bis beide Satelliten 2012 offiziell außer Betrieb genommen wurden.

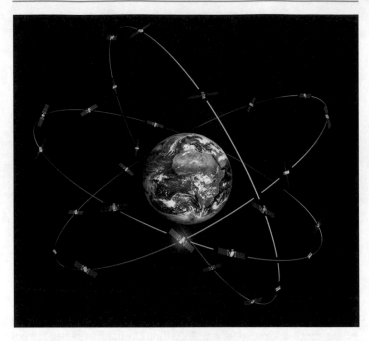

Abb. 5.4 Galileo-Konstellation in der finalen Ausbaustufe. (Quelle: ESA)

Diesen beiden Testsatelliten folgten in den Jahren 2011 und 2012 die ersten „echten" Galileosatelliten Galileo-IOV 1 bis 4, welche der Systemvalidierung (In Orbit Validation, IOV) dienen. Sie wurden von EADS Astrium entwickelt und gebaut und sind mit einer Masse unter 700 kg recht leicht. Die Solarplanels haben eine Spannweite von 14,5 m und liefern im normalen Betrieb etwa 1400 W an elektrischer Leistung. Als Nutzlast tragen die Galileo-IOV-Satelliten eine vollständige Navigationseinheit, welche alle später für Galileo geforderten Signale bereitstellen kann. Wichtiger Bestandteil dieser Einheit sind die vier hochpräzisen Atomuhren (2 Rubidium, 2 Wasserstoff-Maser), welche überaus genaue Zeitsignale liefern.

Die Satelliten wurden paarweise mit Hilfe von russischen Sojusraketen in ihre Orbits befördert, wobei die eigens zu diesem Zweck entwickelte ELS-Startrampe (Ensemble de Lancement Soyouz) am europäischen Weltraumbahnhof in Kourou zum Einsatz kam. Von dieser aus konnten russische Sojus ST Raketen routinemäßig gestartet werden. Dies war erforderlich, da bei den noch ausstehenden Galileosatelliten noch sieben Mal auf die bewährte Sojus Technik zurückgegriffen wurde und auch andere europäische Satelliten so gestartet wurden. Mit Beginn des Ukraine-Kriegs wurden allerdings alle noch in Kourou ausstehenden Sojus-Starts abgesagt. Zukünftige Missionen werden wieder gänzlich auf europäische Ariane- bzw. Vega-C-Raketen zurückgreifen.

Die vier Galileo-IOV-Satelliten sind fester Bestandteil des späteren Galileo-Rausegments und sollen eine Lebensdauer von zwölf Jahren haben. Auf den ersten Blick auffällig sind die vielen Antennen (Abb. 5.5), welche die verschiedenen Daten zur Erde übertragen beziehungsweise empfangen. Die wichtigsten sind die große L-Bandantenne (1), welche das Navigationssignal überträgt, die „Such- und Rettungsantenne" (2), die Notsignale von Notrufsendern empfangen und weiterleiten kann und die C-Band-Antenne (3). Diese dient der Kommunikation mit den Uplink-

Abb. 5.5 Galileo IOV Satellit. (Quelle: ESA)

stationen (ULS), von welchen der Satellit die Navigationsmitteilung erhält. Mit Hilfe von Infrarotsensoren wird die räumliche Lage der Satelliten überwacht und gegebenenfalls so korrigiert, dass sie immer auf die Erde ausgerichtet sind. Um die Entfernung der Satelliten zu einer Bodenstation zentimetergenau messen zu können, sind sie mit Laserreflektoren (4) ausgestattet.

Nach planmäßigen Starts und erfolgreichen Tests der Galileo-IOV-Satelliten, musste der vierte Satellit mit dem Namen GSAT0104 Ende Mai 2014 außer Betrieb genommen werden, da es zu Problemen mit der Energieversorgung kam.

Als noch schwerwiegender erwiesen sich jedoch Probleme beim Start der Galileo-Satelliten mit den Nummern 5 und 6: Nach einem zuerst erfolgversprechenden Start am 22.08.2014 von Kourou aus stellte sich nach kurzer Zeit heraus, dass die Sojus-Rakete die Satelliten in einen falschen Orbit eingeschossen hatte. Anstatt, wie geplant, in einer kreisförmigen Umlaufbahn mit einer Höhe von 23.530 km und einer Inklination von etwas über 55°, befanden sich die Satelliten nach dem Aussetzen durch die Raketenoberstufe in einem deutlich niedrigeren, stark elliptischen Orbit. Da jedoch voller Kontakt zwischen den Satelliten und der betreuenden Bodenstation ESA Space Operation Center (ESOC) in Darmstatt bestand, waren die Verantwortlichen nicht bereit, die Satelliten aufzugeben, obwohl es fraglich erschien, dass die Satelliten durch Nutzung ihrer eigenen Triebwerke noch in den richtigen Orbit gelangen könnten. Dies konnte schließlich auch nicht erreicht werden, weshalb die Satelliten zu Forschungszwecken insbesondere zu Fragestellungen aus der Relativitätstheorie genutzt werden.

Die beiden Satelliten waren die ersten von 22 von der OHB (Orbitale Hochtechnologie Bremen) gebauten Galileo-FOC-Satelliten (Full Operational Capability, „volle Betriebsbereitschaft"). Die Satelliten wurden in den Jahren 2010 und 2012 für insgesamt etwa 800 Millionen Euro bei dem deutschen Satellitenhersteller bestellt, nachdem sich dieser gegen den Konkurrenten EADS Astrium durchgesetzt hatte. Die Satelliten haben eine Startmasse von 733 kg und eine avisierte Lebensdauer von mindestens zwölf Jahren. Rein optisch ähneln die Galileo-FOC-Satelliten stark ihren vier Vorgängern (Abb. 5.6).

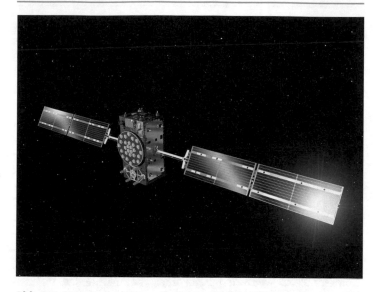

Abb. 5.6 Künstlerische Darstellung eines Galileo-FOC Satelliten. (Quelle: ESA)

Die ersten zehn Satelliten dieses Typs wurden bis Mitte 2016 mit Hilfe von Sojus-Raketen im Doppelpack ins All geschossen. Für die anschließenden zwölf weiteren kamen hingegen deutlich leistungsstärkere Raketen des Typs „Ariane 5 ES Galileo", einer zu diesem Zweck modifizierten Ariane 5 Rakete, zum Einsatz. Die knapp 60 m lange und nahezu 800 Tonnen schwere Rakete war in der Lage, vier Galileo-Satelliten auf einmal zu transportieren und konnte so mit nur drei Starts ab Ende 2016 bis Mitte 2018 die Anzahl der im All befindlichen Galileo-Satelliten auf 26 erhöhen. Ende des Jahres 2021 folgten dann noch einmal zwei Satelliten an Bord einer Sojus-Rakete, so dass aktuell, im Sommer 2022, 28 Galileo-Satelliten im All sind, davon 24 im operationellen Betrieb.

5.1.3 Nutzersegment

Dass eine Ortung allein mit Hilfe der damals vier ersten Galileo-Satelliten möglich ist, wurde, wie die europäische Kommission mitteilte, bereits Anfang des Jahres 2013 bewiesen – ein wichtiger Schritt auf dem Weg zur vollen Betriebsbereitschaft. Um bereits vor der vollen Betriebsbereitschaft des Systems Galileo-Empfänger entwickeln und testen zu können, wurden an verschiedenen Orten in Deutschland „Galileo Test- und Entwicklungsumgebung, GATE" errichtet. Dort wurden Sender installiert, die Galileosignale mit entsprechender Sendecharakteristik abstrahlen können. Mit Hilfe dieser „Pseudoliten" war es bereits lange, bevor es Ende 2011 „echte" Galileo Satellitensignale gab, möglich, die zugehörige Empfängertechnologie zu entwickeln und zu erproben. Das Ziel war, mit Galileo navigieren zu können, sobald die entsprechenden Signale aus dem All verfügbar waren, ohne dann erst mit langwierigen Empfängerentwicklungen beginnen zu müssen. So sind mittlerweile die meisten höherwertigen Navigationsgeräte und Smartphones in der Lage Galileo-Signale zu empfangen und zu verarbeiten. Laut den Galileo-Betreibern wurden bis Sommer 2022 weltweit bereits über drei Milliarden Galileofähige Smartphones verkauft.

Im Dezember 2016 wurde die Initial Operational Capability (IOC) also eine operationelle Bereitstellung erster Galileo-Dienste bekannt gegeben, unter der die Signale mit gewissem Vorbehalt zur Navigation genutzt werden können. Seitdem wird das System sukzessive weiter ausgebaut und optimiert. Da die für einen garantierten weltweit verfügbaren Betrieb erforderliche Anzahl von 30 operationell betriebenen Satelliten noch nicht erreicht ist, kann noch nicht von der „Full Operational Capability" (FOC) Phase gesprochen werden. Mit den aktuell 24 verfügbaren Galileo-Satelliten ist jedoch eine globale Abdeckung weitgehend gewährleistet – solange kein Satellit ausfällt, oder zu Wartungszwecken vorübergehend außer Betrieb genommen werden muss.

Die Nutzerschaft von Galileo muss nicht wie bei GPS und GLONASS in zivil und militärisch, sondern etwas differenzierter untergliedert werden, da e sich ja um ein ziviles System handelt. Aus einer ganzen Reihe ursprünglich geplanter Galileo-Dienste (Services), haben sich mittlerweile vier herauskristallisiert, von denen einer mit einem anderen bereits bestehenden System (CO-SPAS-SARSAT) verknüpft ist (Tab. 5.1).

Tab. 5.1 Galileo Dienste im Überblick

Bezeichnung	Abkürzung	Bedeutung
Open Service	OS	Offener Dienst
High Accuracy Service	HAS	Hochgenauer Dienst
Public Regulated Service	PRS	Öffentlich regulierter Dienst
Search and Rescue Service	SAR	Such und Rettungsdienst

Der offene Dienst (Open Service, OS) ermöglicht den kosten-losen Zugriff auf Ortungssignale mit bis zu drei unterschiedlichen Frequenzen. Dadurch wird eine Ortung auf ein bis zwei Meter gewährleistet. Diese hohe Genauigkeit wird erreicht, da man durch die Verwendung mehrerer Frequenzen, wie bei GPS be-schrieben, die störenden Einflüsse der Ionosphäre herausrechnen kann. Allerdings können im OS auch preiswerte Einkanalempfänger eingesetzt werden. Die Signale des OS sind mit GPS kompatibel, sodass mehr Satelliten nutzbar sind. Dies ist insbesondere an für Satellitennavigation problematischen Orten, wie beispielsweise Städten mit hohen Häusern und der damit verbundenen Ab-schirmung und Mehrwegeffekten, ein großer Vorteil. Der OS überträgt zwar keine Integritätsinformation, also Daten, die Rück-schlüsse über den Systemstatus zulassen würden. Es ist aber vor-gesehen, dass in diesem Dienst eine Authentifizierung des Signals möglich ist. Damit kann der Nutzer sichergehen, dass sein Emp-fänger tatsächlich Galileo-Signale verarbeitet. Eine Garantie der Verfügbarkeit des offenen Dienstes gibt es jedoch – genau wie bei anderen Satellitennavigationssystemen – nicht.

Der hochgenaue High Accuracy Service geht konzeptionell aus dem ursprünglich geplanten kommerziellen Dienst hervor. Er soll jedoch nach aktueller Planung jetzt kostenfrei für alle Nutzer zur Verfügung stehen. Die erreichbare Genauigkeit soll im Dezi-meterbereich liegen und damit deutlich besser als bei allen bisherigen Satellitennavigationssystemen. Erreicht wird diese Genauigkeit durch so genanntes Precise Point Positioning (PPP). Dabei werden zusätzlich zur Zweifrequenzortung, die den Iono-sphärenfehler eliminiert, über eine andere Frequenz weitere Navigationsdaten übermittelt. Diese ermöglichen es, auch Fehler aus anderen Quellen zu reduzieren. Dazu zählen Laufzeitverzögerungen durch die Troposphäre sowie Uhrenfehler. Die Daten können nicht nur die Galileo- sondern auch die GPS-basierte Ortung verbessern, da auch hierzu Korrekturparameter übertragen werden. Möglich ist dies insbesondere durch das vergleichsweise dichte und weltweite Netz der Galileo-Bodenstationen.

Im Juli 2014 wurde die Übertragung entsprechender Daten erstmals erfolgreich getestet. Nach einer ganzen Reihe von weiteren Studien konnten im Mai 2021 die ersten echten HAS-Daten übertragen und empfangen werden. Damit geht dieser Dienst in die nächste Entwicklungsphase. Voraussichtlich Ende des Jahres 2022 sollen die ersten frei verfügbaren Daten zur Verfügung stehen (HA Initial Service). Diese erreichen zwar noch nicht die Genauigkeit, die der Service nach Erreichen der operationellen Betriebsbereitschaft (HA Full Service) bieten wird. Sie helfen aber – ähnlich wie bei den Galileo Testumgebungen – bei der Entwicklung entsprechender Empfänger und insbesondere der Anwendungsfelder und Produkte parallel zur sukzessiven Fertigstellung des Dienstes.

Der öffentlich regulierte Dienst PRS steht Zivilpersonen nicht zur Verfügung. Spezielle, besonders störsichere Ortungssignale und Navigationsdaten werden nur verschlüsselt und nur für autorisierte Nutzer angeboten. Dies sind zum Beispiel Polizei, Zivilschutzinstitutionen und Geheimdienste. Dieser Dienst entspricht im Wesentlichen den militärischen bei GPS und GLONASS mit dem Unterschied der Zielgruppe: Während letztgenannte Systeme mit ihren P-Codes nur die jeweiligen Militärs versorgen, wird der Galileo PRS zwar zivilen Einrichtungen, aber nicht „Jedermann" zur Verfügung stehen. Dazu werden zwei Frequenzbänder genutzt, sodass auch mit diesem verschlüsselten Dienst eine hochgenaue Ortung möglich ist. EU-Mitgliedsstaaten, die diesen Dienst nutzen, müssen eine eigene zuständige Behörde angeben. In Deutschland ist diese PRS-Behörde im Bundesministerium für Digitales und Verkehr (BMDV) verortet. Sie ist unter anderem zuständig für die Vergabe der PRS-Zugangscodes bzw. die Akkreditierung entsprechender deutscher Firmen und Einrichtungen.

Der öffentlich regulierte Dienst wird ebenso wie der offene Dienst seit 2016 im Rahmen der IOC operationell bereitgestellt. Geeignete Empfänger befinden sich in Erprobung, ebenso wie ent-

sprechende Anwendungsfelder. In einem aktuellen Forschungs-
projekt des Deutschen Zentrums für Luft- und Raumfahrt wird
beispielsweise untersucht, wie man Rettungs- bzw. ganz allgemein Einsatzfahrzeuge durch gezielte Ampelschaltungen („grüne
Welle") schneller und sicherer an ihr Ziel bringen kann. Die
Positionsinformationen hierfür liefern hochgenaue und vor allem
zuverlässige und störsichere Galileo-PRS-Empfänger.

Der Such- und Rettungsdienst SAR unterstützt und erweitert
das bereits bestehende von 34 Ländern betriebene internationale,
satellitengestützte Such- und Rettungssystem COSPAS-SARSAT,
mit dessen Hilfe Notrufsignale weltweit durch Satelliten empfangen und weitergeleitet werden können (Abb. 5.7). Der Galileo
SAR-Service liefert in diesem Zusammenhang genauere und
schnellere Positionsangaben als bisher. Darüber hinaus bietet dieser Dienst eine höhere Verfügbarkeit und kann an die den Notruf
absendende Stelle eine Rückmeldung („Hilfe ist unterwegs")
abgeben. Der Search and Rescue Service konnte ebenso wie die

Abb. 5.7 COSPAS SARSAT System

anderen Galileo-Diensten ab Ende 2016 mit ersten Daten empfangen werden und ging Anfang 2020 in den operationellen Betrieb über.

Neue Nutzergruppen kann Galileo vor allem in Bereichen er-
schließen, in denen ein hohes Maß an Sicherheit und Systemintegrität erforderlich ist, wie beispielsweise in der Luftfahrt. Da
bereits mit dem Galileo Public Regulatet Service Genauigkeiten
im Meterbereich erreichbar sind und innerhalb von Sekunden eine
Warnung abgegeben werden kann, wenn die Genauigkeit ein be-
stimmtes Maß unterschreitet, wäre dieser Service für Instrumentenanflüge der Kategorie I bereits ausreichend. Gemeinsam mit Differenziellen Verfahren sind sogar reine Instrumentenanflüge bei
„Null Sicht" denkbar. Die hohen erreichbaren Genauigkeiten von
Galileo gehen in erster Linie auf die Prinzipielle Verwendung von
(mindestens) zwei Frequenzen und das umfassende Bodensegment zurück. Darüber hinaus gibt es aber noch einige andere
Unterschiede zu GPS und GLONASS, auf welche im Folgenden
kurz eingegangen wird.

5.2   Funktionsprinzip

Die Ortung erfolgt bei Galileo analog zu den vorgestellten Systemen. Wie bei GPS und GLONASS werden bei Galileo die Nachrichten mittels codierter Signale übertragen. Dabei kommen jedoch andere, modernere Codierungsverfahren zum Einsatz. Das
Verfahren wird als „Binary Offset Carrier (BOC)" bezeichnet und
ermöglicht es, die gegenseitige Störung verschiedener Codes
gegenüber dem bei GPS und GLONASS eingesetzten Verfahren
der Phasenumtastung (BPSK-Verfahren) noch weiter zu reduzieren.

Der Einsatz dieses modernen Verfahrens ist notwendig geworden, da es bei den zur Verfügung stehenden Frequenzen
mittlerweile sehr eng geworden ist: Eine der Galileofrequenzen
überschneidet sich zum Beispiel teilweise mit der GPS-Frequenz
L1. Die bei Galileo verwendeten Frequenzen werden, obwohl sie
sich ebenfalls im L-Band (1000–2000 MHz) befinden, zur besseren Unterscheidbarkeit mit dem Buchstaben E bezeichnet. In

Tab. 5.2 Signalkanäle von GPS, GLONASS und Galileo

Signalkanal	L5/E5a	E5b	L2	G2	E6	L1/E1	G1
Trägerfrequenz (MHz)	1176,45	1207,14	1227,6	1246,0	1278.75	1575,42	1602,0
GPS	X		X			X	
GLONASS				X			X
Galileo	X	X			X	X	

Tab. 5.2 sind die aktuell bei den drei Systemen GPS (L1, L2 und ab 2014 L5), GLONASS (G1 und G2) und Galileo (E1, E5 und E6) verwendeten Grundfrequenzen aufgelistet.

Die bei Galileo verwendeten Frequenzbereiche (Frequenzbänder) sind:

4 Signale mit der Trägerfrequenz E5	1164 bis 1250 MHz
3 Signale mit der Trägerfrequenz E6	1260 bis 1300 MHz
3 Signale mit der Trägerfrequenz E1	1559 bis 1591 MHz

Da bei Galileo neben den Ortungssignalen, also der Navigationsnachricht, auch zusätzliche, beispielsweise der Integritätsinformation dienende Daten übertragen werden, ist es erforderlich, den in den einzelnen Frequenzbändern nutzbaren Bereich möglichst effizient auszunutzen, ohne dabei Überlagerungen zu verursachen. Das BOC-Verfahren, welches übrigens auch bei den GPS-Satelliten der neuesten Generation (Block III) verwendet werden wird, tut genau dies.

Mit dem BPSK-Verfahren (GPS) werden verschiedenen Satelliten unterschiedliche Codes zugeordnet, um die Satellitensignale voneinander unterscheiden zu können und zwar trotz Nutzung von nur einer Trägerfrequenz. Bei GLONASS hingegen wurden die Satellitensignale bisher durch verschiedene Frequenzen nach Kanälen, ähnlich wie beim Fernsehen, unterschieden. Nun stünden zwar im C/A-Code von GPS insgesamt 1023 verschiedene Codes zur Verfügung, jedoch käme es irgendwann doch zu Überlagerungen, so dass für Galileo ein neues Verfahren zur Codeidentifizierung (CDMA) notwendig wurde (Abb. 5.8).

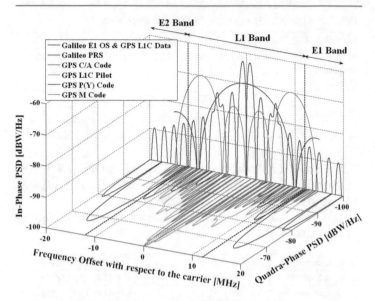

Abb. 5.8 Vergleich der Galileo und GPS Signale mit BPSK bzw. BOC – die Maxima überlagern sich nicht. (Quelle: ESA)

Von der Grundidee her wird beim BOC ein BPSK-Signal wie beim „alten" GPS in einer zweiten Stufe nochmals moduliert, so dass eine Art „Zwischenschicht" entsteht. Führte bereits das BPSK-Verfahren zu einer quasi Verbreiterung des Frequenzbereichs, einer Frequenzbandspreizung, wird diese beim BOC-Verfahren nochmals gespreizt. Die Hintergründe zu diesem Verfahren sind jedoch noch komplexer als beim „einfachen" BPSK-Verfahren, weshalb hier auf Details verzichtet wird. Nur so viel: Als GPS entwickelt wurde, steckte das verwendete BPSK-Verfahren noch in den Kinderschuhen, GPS war somit eine Entwicklung am Puls der Zeit. Gleiches gilt für das BOC-Verfahren! Auch dieses Verfahren befand sich bei der Entwicklung von Galileo noch im Entwicklungsstadium und so ist Galileo ein für die Forschung, vor allem auch auf dem Gebiet der Nachrichtentechnik, überaus interessantes Projekt.

Die bei Galileo übertragenen Daten sind neben der Navigationsmitteilung noch Integritätsinformationen, Daten des Such- und

Rettungsdienstes sowie Daten des öffentlich regulierten Dienstes (PRS). Dabei sind die PRS-Daten verschlüsselt, die anderen sind frei zugänglich. Alle Daten werden mit 50 Bit pro Sekunde übertragen. Die Ortung erfolgt wie bei GLONASS und GPS mittels Laufzeitmessung und soll hier nicht nochmals erklärt werden. Einen wichtigen Beitrag zu der bei Galileo erreichten hohen Genauigkeit liefert das umfangreiche Bodensegment, da auf diese Weise die Position der Satelliten viel genauer und vor allem häufiger erfasst und die Satellitenuhren besser überwacht werden können. Da die aktualisierten Sattelitenpositionen zudem alle 100 Minuten an jeden einzelnen Satelliten übertragen werden, können Nutzer des Systems direkt von dieser aufwändigen Überwachung des Systems profitieren.

Insgesamt stellt sich bei dem enormen Aufwand, welcher im Bereich Satellitennavigation nicht nur von Europa betrieben wird, immer die Frage nach dem Nutzen. Um eine fundierte Einschätzung zu dieser Frage geben zu können, ist es erforderlich, sich mit den möglichen und tatsächlichen Anwendungen der Satellitennavigation auseinanderzusetzen.

Anwendungen der Satellitennavigation

6

Zu den Nutzersegmenten der drei vorgestellten Satellitennavigationssysteme wurde bereits eine Reihe von Anwendungen angesprochen. Laut einer Marktanalyse aus dem Jahr 2013 lag das weltweite Marktvolumen von Anwendungen der Globalen Satellitennavigation GNSS im Jahr 2012 bei 65 Milliarden Euro mit einem Wachstumspotenzial von insgesamt weltweit bis zu 10 % pro Jahr. Die Analysten gingen davon aus, dass sich der Markt innerhalb von neun Jahren von 2012 bis 2021 mehr als verdoppeln würde. Diese Einschätzung erwies sich als zu wenig optimistisch. Laut der europäischen Raumfahrtagentur EUSPA lagen die Erlöse, die durch Satellitennavigationssysteme generiert wurden, bei knapp 200 Milliarden Euro. Die Experten der EUSPA erwarten, dass dieser Umfang in den folgenden zehn Jahren noch auf bis zu 500 Milliarden anwachsen könnte. Viele Anwendungen der Technologie sind offensichtlich und naheliegend, andere wiederum überraschend und zum Teil recht kreativ – wer hätte beispielsweise im Jahr 2000 gedacht, dass sich binnen zehn Jahren eine riesige Community von GPS-Schnitzeljägern, der so genannten Geo-Cacher entwickeln würde? Auf eine Auswahl von Anwendungen soll im Folgenden eingegangen werden. Da die Anwendungsbereiche aber mittlerweile derart umfangreich sind, kann in der hier getroffenen Auswahl keinerlei Anspruch auf Vollständigkeit erhoben werden.

© Springer-Verlag GmbH Deutschland, ein Teil von Springer
Nature 2022
T. Schüttler, *Satellitennavigation*, Technik im Fokus,
https://doi.org/10.1007/978-3-662-58051-6_6

6.1   Militärische Anwendungen

GPS und GLONASS wurden von den USA bzw. der Sowjetunion
während des Kalten Krieges in erster Linie zu militärischen Zwecken entwickelt. Dabei wurden bereits vorangegangene Konzepte
(Transit beziehungsweise CIKADE) weiterentwickelt, die schon
die Schwächen der zum Teil während des Zweiten Weltkrieges
entwickelten Ortungssysteme ausmerzen sollten. Denn mit den
nach 1945 verfügbaren Systemen konnten entweder nur kleine
Bereiche bei passabler Genauigkeit (zum Beispiel DECCA, um
200 m) oder große Bereiche mit geringer Genauigkeit (OMEGA,
2 Seemeilen) abgedeckt werden. Zudem war der Betrieb dieser
bodengestützten Funksysteme sehr aufwändig und im Kriegsfall
nicht vor feindlichen Bomben sicher. Denn es ist natürlich auch
möglich, die Radarsignale eines Ortungssystems dazu zu miss-
brauchen, dieses selbst zu orten und letztlich zu zerstören. Eine
wichtige Forderung an die globalen Satellitenortungssysteme
GNSS war daher die nutzerseitige Passivität: Der Anwender des
Systems sollte keine später zu ortenden Signale aussenden müssen, um seine Position bestimmen zu können.

Prinzipiell sollte das GNSS in allen militärischen Bereichen
Verwendung finden, in denen von Menschen oder Maschinen eine
exakte Ortung durchzuführen war. Möglich wurde dies durch die
enormen Fortschritte in der Mikroelektronik, welche die Entwicklung von GNSS-Empfängern für den einzelnen Soldaten, aber auch
für Fernlenkwaffen ermöglichten. Hatten die US-Amerikanischen
Truppen bei ihrer Invasion in Grenada 1983 noch mit Kompatibi-
litätsproblemen der unterschiedlichen Navigationssystemen für
Marine, Heer und Luftwaffe zu kämpfen, so hatte sich die Lage
im Golfkrieg, zehn Jahre später, drastisch verändert. Durch GPS
war es mittlerweile möglich, die Truppen mit höchst genauen
Standortinformationen zu versorgen und Fernlenkwaffen mit
noch nie da gewesener Präzision einzusetzen.

In dieser Zeit wurde sogar die künstliche Verschlechterung von
GPS (SA) vorübergehend abgeschaltet, da auf die Schnelle nicht
ausreichend viele militärische GPS-Empfänger verfügbar waren
und Soldaten mit kommerziellen zivilen Geräten ausgestattet
werden mussten. Die enorme technologische Überlegenheit ge-

rade im Computersegment wurde von vielen Beobachtern als „entscheidende Waffe" der USA gegenüber dem Irak betrachtet. Es sei jedoch an dieser Stelle kritisch angemerkt, dass trotz der Verwendung von Präzisionswaffen der Tod zehntausender irakischer Zivilisten nicht verhindert wurde.

Schon an der Grundkonzeption von GPS kann man das ursprüngliche Ziel dieser Technologie erahnen. Wie vorangehend beschrieben, muss als Grundlage für die Navigation ein Referenzellipsoid (vergleiche Abschn. 1.2.3) als Näherung an den tatsächlichen Geoid verwendet werden. Im Falle von GPS ist das der im WGS 84 festgelegte, welcher natürlich mehr oder weniger geringfügig von der Realität abweicht. Derartige Abweichungen muss man bei jeder Art von Näherung in Kauf nehmen, man wird jedoch versuchen, einerseits die Abweichungen insgesamt möglichst gering zu halten, andererseits die aus der Nutzerperspektive wichtigsten Bereiche möglichst gut wiederzugeben, auch wenn man dabei in Kauf nehmen muss, dass andere Bereiche etwas ungenauer sind.

Abb. 6.1 zeigt die Abweichung des WGS 84 vom Geoid, wobei die helleren Farben auf eine bessere Annäherung, die dunkleren auf eine schlechtere hinweisen. Auffällig ist, dass in Nordamerika die Abweichungen eher gering sind. Dies ist bei einem amerikanischen System auch naheliegend. Die gute Näherung im Bereich der ehemaligen Sowjetunion ist jedoch ebenfalls auffällig, und es

Abb. 6.1 Abweichung des WGS 84 vom Geoid. (Quelle: Autor)

erscheint bei der überaus durchdachten und komplexen Gesamt-
konzeption von GPS als eher unwahrscheinlich, dass dies ein Zu-
fall ist.

Tatsächlich werden GPS-Empfänger in Lenkwaffen, also beispielsweise in Raketen und „Smart Bombs", eingesetzt. Die Entwicklung solcher Waffen reicht ebenfalls bis in den Zweiten Welt-
krieg zurück, als die Raketenwissenschaftler um Wernher von
Braun mit dem Aggregat 4 die erste mit Flüssigtreibstoff betriebene Großrakete entwickelten. In dieser kamen verschiedene
technische Neuerungen zur Lageregelung und zur Steuerung der
Rakete zum Einsatz. Das hier erstmals verwendete Trägheitsnavigationssystem sollte mit Hilfe von Kreiseln dafür sorgen, dass die
Rakete ihr Ziel auch traf. Glücklicher Weise war dieses jedoch in
der Praxis meist so ungenau, dass die Rakete ihr Ziel verfehlte.
Auch die heute eingesetzten, durch GPS gesteuerten Lenkwaffen
erreichen nicht immer ihr Ziel, obwohl sie theoretisch mit sehr
hoher Wahrscheinlichkeit auf wenige Meter genau treffen sollten.
Dazu ist aber die Bekanntheit der ganz exakten Koordinaten des
Zieles vorauszusetzen, was in der Praxis nicht immer zu bewerk-
stelligen ist. Und so kommt es, dass moderne satellitengelenkte
Waffen zwar einerseits mit höchster Präzision auch kleinere Ziele
treffen könnten, die oft zynischer Weise und verharmlosend als
„Kollateralschäden" bezeichneten zivilen Opfer moderner Kriege
aber immer noch schockierend sind.

Eine große Sorge rund um die Bereitstellung von GPS für die
Öffentlichkeit stellte die prinzipielle Möglichkeit dar, mit Hilfe
ziviler GPS-Empfänger Lenkwaffen selbst herzustellen. Um den
Einsatz von GPS-Empfängern in feindlichen ballistischen Waffen
zu verhindern, wurde gemäß der Waffenexportregelung CoCom
(Coordinating Committee for Multilateral Export Controls) der
frei zugängliche Einsatz von GPS dahingehend reglementiert,
dass ein Einsatz oberhalb von 18 km beziehungsweise mit Geschwindigkeiten über 1900 km/h nicht möglich wäre. Die meisten
heutigen GPS-Empfänger lassen daher weder einen Einsatz oberhalb dieser Höhe noch mit derartigen Geschwindigkeiten zu, was
im zivilen Bereich auch größtenteils völlig unproblematisch ist.
Erst die immer beliebter werdenden hobbymäßigen Stra-
tosphärenballonaufstiege, bei welchen Höhen bis über 30 km er-

Abb. 6.2 Start eines Wetterballons mit Kamera und GPS-Tracker. (Quelle: Autor)

reicht werden, ließen den Wunsch nach zivilen GPS-Empfängern, welche in dieser Höhe funktionieren, lauter werden, so dass es mittlerweile auch GPS-Empfänger zu kaufen gibt, welche den Empfang erst bei Erfüllung beider Kriterien, also sowohl Höhe als auch Geschwindigkeit, einstellen (Abb. 6.2).

6.2   Zivile Anwendungen

Die vielfältigen Anwendungen von GNSS resultieren zum einen aus der freien Verfügbarkeit der Satellitensignale von GPS, GLONASS und Galileo, zum anderen aber vor allem aus der

unglaublich schnellen Entwicklung im Bereich der Mikroelektronik. Waren Mobiltelefone noch vor 20 Jahren große, unhand-
liche „Knochen", mit denen man telefonieren und mit grüner
Schrift auf schwarzem Grund sms schreiben konnte, war bereits
das erste iPhone, welches 2007 auf den Markt kam, damit nicht
mehr im Geringsten zu vergleichen.

Ganz ähnlich verhält es sich mit Satellitennavigationsempfän-
gern. Zahlte man vor zehn Jahren noch mehrere hundert Euro für
einen besseren GPS-Empfänger, so sind heutige Smartphones mit
der Möglichkeit, GPS-, Galileo und GLONASS-Signale zu verarbeiten, deutlich günstiger und leistungsfähiger. Dadurch hat sich
eine Vielzahl von Anwendungen entwickelt, die eine Kategorisie-
rung zunehmend erschwert.

6.2.1 GNSS im Straßenverkehr

Den Worten „Wenn möglich, bitte wenden" folgte bis vor wenigen Jahren meist eine Diskussion mit dem Beifahrer oder der
Beifahrerin über das korrekte Lesen einer Landkarte, heute wird
der Anweisung meist einfach Folge geleistet. In wohl kaum einem anderen Bereich ist der Einsatz von GNSS-Technik derart
prominent wie im privaten Straßenverkehr. Man unterscheidet
dabei zwischen Systemen, welche neben der Positionsbestimmung (Ortung) auch noch die Führung des Autos von einem
Startpunkt bis zum Ziel anleiten, den Zielführungssystemen, rei-
nen Positionsmeldesystemen, welche lediglich die Aufgabe haben, den gefahrenen Weg eines einzelnen Fahrzeugs nach zu ver-
folgen, und größeren Verbundsystemen zur Überwachung einer
ganzen Fahrzeugflotte, wie es im öffentlichen Personennahver-
kehr vorkommt.

Zielführungssysteme bestehen dabei aus mindestens vier Kom-
ponenten: Einem GNSS-Empfänger, einer digitalen Straßenkarte,
einem Navigationscomputer und unterschiedlichen Anzeige- und
Eingabeinstrumenten, heute meist mit einem Touchscreen realisiert
(Abb. 6.3). Darüber hinaus können aber, je nach Komplexität und
Preis des Gerätes, auch noch andere, unterstützende Sensoren verwendet werden. Neben Radsensoren, welche über Drehzahl und

Abb. 6.3 Zielführungs-
system schematisch.
(Quelle: Autor)

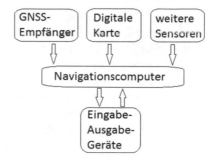

Reifengröße die Bewegungen des Fahrzeuges nachvollziehen können, ist in erster Linie DGPS (Differential Global Positioning System) zu nennen, wenn höhere Genauigkeiten gefordert werden.
Die Verwendung von Radsensoren soll neben einer größeren
Genauigkeit auch für ein zumindest kurzfristiges Funktionieren
des Systems bei eingeschränkter oder vollständig abgebroche-
ner Satellitenverbindung führen, wie dies beispielsweise in Tunnels der Fall ist. Die technischen Umsetzungen sind zunehmend
komplex, umso mehr, wenn man heute ganz selbstverständliche
Fahrassistenzsysteme, Einparkhilfen und Abstandswarner mit
einbezieht. Von der Grundidee her arbeitet ein Zielführungssys-
tem jedoch recht simpel: Mit Hilfe von GNSS wird die Position
des Fahrzeugs mit der möglichen Genauigkeit bestimmt und einem entsprechenden Punkt auf der digitalen Karte zugeordnet.
Da dies auf Grund der Messfehler nicht immer eindeutig möglich ist, muss das Gerät im Zweifelsfall eine Auswahl treffen
und entscheidet sich in den meisten Fällen für eine Position auf
der jeweils größeren Straße. Dieser Effekt lässt sich schön beobachten, wenn man insbesondere mit älteren Geräten auf einer
Landstraße fährt, welche parallel an einer Autobahn entlang-
führt. Die meisten Navigationsgeräte werden die Position auf
die Autobahn legen.
Nach dieser ersten Ortung und Positionsfestlegung auf der
Karte wird kontinuierlich zwischen den via GNSS gemessenen
Koordinaten und den auf der Karte eingetragenen Gegebenheiten
verglichen und das Auto der Karte entsprechend möglichst gut
geführt. Die Fahranweisungen beziehungsweise Navigation wird

von einem Computerprogramm ausgerechnet und nach verschiedenen, oft wählbaren Geschichtspunkten wie Streckenlänge, zu erwartender Fahrzeit oder auch Kosten optimiert. Problematisch wird dieses Verfahren, wenn zu wenig oder keine Satelliten empfangen werden können. Unter solchen Umständen muss auf andere Messwerte, wie die der Radsensoren, zurückgegriffen werden.

Mit Hilfe der Radsensoren kann der Navigationscomputer nicht nur die Fahrgeschwindigkeit, sondern, entsprechende Auflösung vorausgesetzt, auch die Fahrtrichtung ermitteln, da sich bei einer Kurvenfahrt die Räder unterschiedlich schnell drehen. In Tunnels stellt dies oft die einzige Möglichkeit dar, die Zielführung fortzusetzen. Natürlich ist auch die Verwendung anderer Navigationswerkzeuge, wie zum Beispiel eines Kompasses möglich, was aber den Preis des Gerätes in die Höhe treibt.

Positionsmeldesysteme werden beispielsweise von Transportunternehmen eingesetzt, um einerseits die Positionen ihrer Fahrzeuge zu überwachen, andererseits mit Hilfe dieser Informationen die Wege und die Auslastung der Fahrzeuge zu optimieren. Auch im Rettungswesen bei medizinischen Ambulanzen oder der Feuerwehr finden solche Systeme Anwendung. Dabei bestimmt ein GNSS-Empfänger die Position des Fahrzeugs, welche anschließend über das Mobilfunknetz oder Satellitentelefon an das Transportunternehmen beziehungsweise die Steuerzentrale übermittelt wird.

Ein weiteres Beispiel für die Anwendung von Positionsmeldesystemen ist das in mehreren deutschen und anderen europäischen Großstädten betriebene Carsharing-Angebot SHARE NOW. Im Unterschied zur klassischen Autovermietung kann man dabei ein Auto, welches sich in der Nähe des Nutzers befindet, übers Internet anmieten und an einem nahezu beliebigen Stellplatz im Stadtbereich wieder abstellen. Über ein Positionsmeldesystem ist die Zentrale immer im Bilde darüber, wo sich das geliehene Auto befindet und kann nach dem Abstellen des Wagens dessen Position wieder im Internet für den nächsten Nutzer zur Verfügung stellen.

Ebenfalls von großer Bedeutung ist die GNSS-Technik, wenn es darum geht, nicht nur einzelne Fahrzeuge, sondern ganze Flotten zu steuern und zu überwachen, wie dies bei Verkehrsleitsystemen der Fall ist. Auf diese Weise ist es möglich, jederzeit aktuelle Statusinformationen über die Fahrzeuge, beispielsweise des öffentlichen Personennahverkehrs zu erhalten und die voraussichtlichen Fahrzeiten den Kunden mitzuteilen. Straßenbahnen und Omnibusse können dabei unter Verwendung von Korrekturdaten mittels DGPS ihre Positionen metergenau an die Leitstellen weitergeben, so dass der weitere Fahrplanverlauf entsprechend angepasst werden kann.

In diesem Zusammenhang sehen viele Forscher und Analysten noch ein großes Entwicklungspotential. Gelänge es beispielsweise, die Autos der Zukunft mehr und mehr zu vernetzen und die Verkehrsströme nach Gesichtspunkten Ökologie und Wirtschaftlichkeit zu steuern, könnten Staus vermieden oder zumindest reduziert werden. Viele moderne in privaten PKW eingesetzte Zielführungssysteme nutzen bereits diese Möglichkeiten, indem sie Staumeldungen direkt in die Routenplanung und -optimierung mit einbeziehen (Abb. 6.4). Auch Navigations-Apps für Smartphones wie Google Maps nutzen Echtzeit-Verkehrsdaten, um die Routenführung zu optimieren. Dass dies jedoch nicht so einfach ist, zeigt das Beispiel des Chemnitzer Künstlers Si-

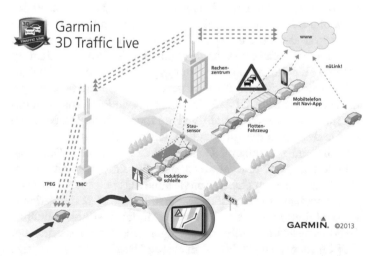

Abb. 6.4 Schematische Darstellung zur Vermeidung von Staus mittels GNSS. (Quelle: Garmin)

mon Weckert: In einem Handkarren hatte er 99 Smartphones mit
eingeschalteter Google Maps App über leere Straßen in Berlin
gezogen und dem Algorithmus der App damit ein hohes Verkehrs-
aufkommen vorgegaukelt. Die Straßen wurden in der App nahezu in Echtzeit entsprechend markiert. Sobald jedoch nur ein
Auto an dem Künstler mit seinen vielen Smartphones vorbeifuhr,
flog der Schwindel auf.

Die Anwendungen der GNSS im Straßenverkehr machte bis
vor kurzem den größten Anteil am Markt aus und wurden für das
Jahr 2012 mit etwa 50 % Marktanteil angegeben. Im aktuellen
Bericht der EUSPA wird für die Zeit von 2021 bis 2031 nur noch
ein Anteil von rund 30 % erwartet. Der Grund ist einfach: Den
größten Anteil von verkauften GNSS-Empfängern machen mit
89 % heutzutage kleine mobile Einzelgeräte, wie insbesondere
Smartphones oder Tablets aus.

6.2.2   GNSS in der Hosentasche

Bereits im Jahr 1999 brachte der finnische Hersteller Benefon
mit dem Esc! das erste kommerzielle GPS-Mobiltelefon für
etwa 650 € auf den Markt. Es wurde vorwiegend in Europa verkauft, war aber eher bei speziellen Gruppen wie beispielsweise
Jägern recht beliebt. Die Abschaltung der Selective Availability
brachte eine Steigerung der Ortungsgenauigkeit um den Faktor
10, wodurch sich auch für Handgeräte neue Einsatzbereiche er-
öffneten. Das erste GPS-fähige Smartphone kam von Siemens
im Jahr 2005 – viele weitere folgten diesem Beispiel. Möglich
wurde das durch die Entwicklung leistungsfähigerer Akkus einerseits und sparsamerer GPS-Module andererseits. Das erste
iPhone kam 2007 übrigens noch ohne Satellitennavigation aus.
Erst in der zweiten Generation (iPhone 3G) war ein GPS-Empfänger verbaut. Im Jahr 2009 waren nur etwa 15 % der verkauften Mobiltelefone mit einem GNSS-Modul (fast ausschließlich
GPS) ausgestattet. Allerdings gingen die Marktexperten der
EUSPA (damals noch GSA – European GNSS Agency) in ihrem
ersten GNSS Market Report von 2010 zu Recht von einem rapi-
den Wachstum dieser Branche aus und erwarteten für 2020

einen Anteil von 65 %. Dies dürfte allerdings noch deutlich zu
wenig sein, denn heutzutage findet man kaum noch ein Smartphone ohne GNSS.

Die Anwendungsbereiche der GNSS-Technologie in Smartphones und anderen mobilen Endgeräten haben in den vergangenen zehn Jahren einen nicht mehr zu überblickenden Umfang
erreicht. Neben Apps zum Navigieren nutzen viele andere Anwendungen wie beispielsweise zur Wettervorhersage oder Mes-
senger Dienste den durch GNSS ermittelten Standort des Nutzers. Immer kleinere GNSS-Empfänger kommen zudem in Uhren
(Smartwatches) und anderen Geräten zum Einsatz. Dies wird
zunehmend auch kritisch gesehen. Denn wenngleich die Satellitennavigationssysteme als rein passive Systeme keine Informationen über deren Nutzer sammeln, treffen die damit bestimmten
Positionsdaten in Smartphones auf Geräte, die ja gerade dafür
konzipiert sind, Informationen auszutauschen. Mittlerweile gibt
es daher auch wieder Smartphones, bei denen bewusst auf
GNSS-Empfänger oder sogar Kameras verzichtet wird.

6.2.3 GNSS auf der Schiene

Auch im Schienenverkehr wird GNSS zur Ortung von Zügen und
Waggons genutzt. Die Netze sind dabei riesengroß und regio-
nen-, ja länderübergreifend. Aus Sicherheitsgründen findet die
Signalgebung im Schienenverkehr vielfach von den Gleisen aus-
gehend statt. In Hochgeschwindigkeitszügen werden die Signale
direkt in den Führerstand übertragen (Führerstandssignalisie-
rung), da sie auf Grund der hohen Geschwindigkeiten sonst nicht
sicher zu erkennen wären. Die Systeme folgen dabei nationalen
Standards. Mit Hilfe des vereinheitlichten European Rail Traffic
Management System, ERTMS, sollen in nicht allzu ferner Zukunft europaweit Züge pünktlicher und vor allem sicherer fahren.
EU-weit existieren über 20 verschiedene Signalgebungs- und
Geschwindigkeitsüberwachungssysteme, welche bei Fahrten innerhalb Europas zu berücksichtigen sind. So ist beispielsweise
der länderübergreifend zwischen Belgien, Deutschland, Frankreich und den Niederlanden verkehrende Thalys mit den unter-

schiedlichen Zugsicherungssystemen aller vier Länder ausgerüstet. Die Europäische Kommission möchte auch unter Verwendung des neuen Galileo-Systems ein europaweit vereinheitlichtes Überwachungssystem einführen. Neben der Vereinfachung des Betriebs werden von ERTMS auch Serviceverbesserungen für die Fahrgäste erwartet.

Auch der Güterverkehr wird als zukunftsträchtiger Zweig der GNSS-Technik angesehen. So können Güterströme, welche beispielsweise über die Schiene laufen, besser koordiniert werden, wenn bekannt ist, wo sich die einzelnen Container gerade befinden. Entsprechend wird in diesem Segment nach wie vor ein großes Wachstumspotenzial vermutet. Analysten der EUSPA gehen in den Jahren 2021 bis 2031 von einer Verdreifachung der verkauften GNSS-Einheiten in diesem Segment aus. Im Vergleich zu anderen Bereichen, wie beispielsweise der Seefahrt, ist jedoch der Gesamtmarktanteil von GNSS im Schienenverkehr relativ gering.

6.2.4 GNSS in der Seefahrt

Wie eingangs beschrieben, kommt die Navigation ursprünglich aus der Seefahrt. Da überrascht es wenig, dass GNSS in nahezu allen Bereichen der Seefahrt eingesetzt wird. Die Einsatzbedingungen unterscheiden sich jedoch deutlich, je nachdem, wo sich das Schiff gerade befindet. So sind auf hoher See Ortungsangaben auf 100 m genau vollkommen ausreichend, im Hafen jedoch völlig unzureichend. Dort werden Genauigkeiten bis in den Zentimeterbereich gefordert, welche derzeit nur mit differenziellen Verfahren erreicht werden können.

Mit Hilfe von GNSS kann aber auch die Fischerei unterstützt und nach ökologischen Gesichtspunkten überwacht werden. Ähnlich einem Fahrtenschreiber ist es möglich, die Fischereirouten auf diese Weise zu lenken und so die Fischbestände zu sichern. Ein weiteres Anwendungsgebiet stellt die Vermeidung schwerer Schiffsunglücke dar. Durch Sendung der Koordinaten an eine Leitstelle, ließen sich Kollisionskurse bereits frühzeitig identifizieren und korrigieren. So könnten die Nahbereichswarnsysteme

(Radar) unterstützt werden. Da ein großer Teil des weltweiten Güterverkehrs übers Meer abgewickelt wird, gelten die im Bereich des Schienenverkehrs genannten Punkte ebenfalls für die Seefahrt. Es wird daher in der Seefahrt von einem nach wie vor großen unerschlossenen Markt ausgegangen. Nach Einschätzung der EUSPA könnte sich die bereits große Anzahl der GNSS-Empfänger im maritimen Bereich in den kommenden zehn Jahren nochmals knapp verdoppeln.

6.2.5 GNSS in der zivilen Luftfahrt

Höchste Anforderungen an Systemgenauigkeit und vor allem Zuverlässigkeit und Integrität werden von der Luftfahrt an Navigationssysteme gestellt. Dieses hohe Maß an Sicherheit wird heutzutage durch die Verwendung mehrerer unterschiedlicher Einzelkomponenten sichergestellt. So sind beispielsweise in modernen Verkehrsflugzeugen Zwei- und Dreifachinstallationen von Trägheitsnavigationssystemen in Kombination mit GNSS-Empfängern üblich. Hinzu kommen für die verschiedenen Flugabschnitte spezialisierte Funknavigationssysteme. Für den Streckenflug sind dies andere als für den Landeanflug, und alle müssen betreut und mit hohem Aufwand gewartet werden. Insgesamt sind die heute im Einsatz befindlichen Navigationssysteme zwar überaus sicher und zuverlässig, sie haben aber eine ganze Reihe an Nachteilen:

Keines der Systeme kann in allen Flugabschnitten einschließlich der Landung durchgängig eingesetzt werden, so dass auch an Bord des Flugzeuges zum Teil verschiedenen Geräte zum Einsatz kommen müssen. Die Einzelsysteme erreichen keine globale Überdeckung und ihre Genauigkeit ist nicht einheitlich, sondern orts- und zeitabhängig. Die von den Systemen gelieferten Daten basieren nicht auf einem einheitlichen Bezugssystem. Die möglichen Flugrouten richten sich in nicht unerheblichem Ausmaß nach den Standorten der Bodenanlagen – ein Problem mit einer Vielzahl von Auswirkungen. Schon heute sind einige Flugrouten sehr stark ausgelastet und es kommt dabei immer wieder zu gefährlichen Annäherungen zweier Flugzeuge. Die

Bordausrüstung ist auf Grund der vielen Systeme umfangreich und teuer, insbesondere, wenn man auch noch den hohen Wartungsaufwand mitberücksichtigt.

Alles in allem muss man fast zwangsläufig zu dem Schluss kommen, dass eine Verwendung von GNSS viele Vorteile hätte.

Jedoch sind entsprechende Geräte zwar in Flugzeugen insbesondere beim Streckenflug im Einsatz, als primäre Systeme (so genannte stand-alone Systeme) aber nicht zugelassen. Der Grund liegt, neben der für bestimmte Flugzustände nur unzureichender Genauigkeit, vor allem bei der Landung, insbesondere in der fehlenden Information zur Integrität der Systeme. Um GNSS in der Luftfahrt als primäres Navigationssystem, unterstützt beispielsweise durch die Trägheitsnavigation, einsetzen zu können, müsste es die international für die Flugnavigation gemachten Festlegungen (Required Navigation Performance, RNP) erfüllen. Dazu gehören die ständige Verfügbarkeit von der für die Ortung erforderlichen mindestens vier Satelliten, eine annähernd gleichbleibende Genauigkeit, das Erkennen und Warnen bei Fehlfunktionen (Integrität) und die Kontinuität der fehlerfreien Funktion.

Während die Forderungen an Verfügbarkeit und Systemgenauigkeit von GPS und GLONASS in Europa mittlerweile weitgehend eingehalten werden können, ist dies bei der Integrität nicht der Fall. Und genau hier liegt das große Problem: Die in Abschn. 3.3 über Fehler bei GPS getroffenen Genauigkeitsangaben beziehen sich auf statistische Werte. Man kann eben nicht mit Sicherheit davon ausgehen, dass eine GPS-Ortung immer auf 10 m genau ist! Tatsächlich sind in der Praxis bereits Abweichungen von mehreren hundert Metern, bei Fehlern in der Satellitenuhr sogar von einigen tausend Metern, aufgetreten. Ein solcher Fehler ist im Instrumentenflug nicht hinnehmbar und muss umgehend erkannt werden. Die für die Luftfahrt geltenden Bestimmungen geben vor, welche Mindestanforderungen an die Navigationssysteme zu stellen sind (vergleiche Tab. 6.1).

Die Nutzung von GNSS im Landeanflug ist international noch nicht einheitlich geregelt. In Deutschland ist eine Nutzung von Satellitennavigation als Hilfsmittel (so genanntes Overlay-

Tab. 6.1 Anforderungen an Genauigkeit und Integrität bei verschiedenen
Flugzuständen

Flugzustand	Maximal zulässige Abweichung	Alarm bei Abweichung um	Alarm spätestens nach
Überseeflug	12 – 4 Seemeilen	12 – 4 Seemeilen	2 Minuten
Flughafenbereich	0–4 Seemeilen	1 – 0 Seemeilen	30 Sekunden
Anflug mit vertikaler Führung APV	220 m (horizontal) 20 m (vertikal)	0,3 Seemeilen (horizontal) 50 m (vertikal)	10 Sekunden
Instrumentenlandung Cat I	20 m (horizontal) 6 m (vertikal)	40 m (horizontal) 10–15 m (vertikal)	6 Sekunden
Instrumentenlandung Cat II	6,9 m (horizontal) 2,0 m (vertikal)	17,3 m (horizontal) 5,3 m (vertikal)	1 Sekunde
Instrumentenlandung Cat III	6,0 m (horizontal) 2,0 m (vertikal)	15,5 m (horizontal) 5,3 m (vertikal)	1 Sekunde

Verfahren) an fast allen Flughäfen üblich. Eine alleinige Nutzung ist – jedoch nur bei Entscheidungshöhen bis Cat I – nur bei
manchen deutschen Flughäfen zulässig. Das European Geostationary Navigation Overlay Service (EGNOS) liefert Korrekturparameter und Integritätsinformationen für GPS und Galileo,
die in weiten Teilen Europas Cat I-Landeanflüge ermöglichen.
Um die Anforderungen an Genauigkeit und Integrität bei Präzi-
sionsanflügen Cat II und III zu erfüllen, sind weitere Ergänzun-
gen erforderlich. Am einfachsten ist dies mit Hilfe von boden-
gestütztem DGPS zu realisieren (Abb. 6.5).

Von einer am Flughafen befindlichen Referenzstation werden
dabei Korrekturdaten für die Navigation sowie Integritätsinformationen an das anfliegende Flugzeug übermittelt. Dieses benötigt an Bord dann nur noch einen GNSS-Empfänger, einen
VHF-Empfänger (Very High Frequency) zum Empfang der Korrekturdaten, ein Trägheitsnavigationssystem als Redundanz und
ein Sende-/Empfangsgerät für die Kommunikation.

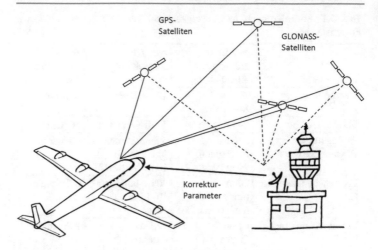

Abb. 6.5   Mit DGPS im Landeanflug. (Quelle: Autor)

6.2.6   Outdoor und Freizeit

Eine mittlerweile recht populäre Freizeitbeschäftigung mit GNSS
wurde bereits angesprochen: Beim „Geo-Caching" machen sich
GNSS-Schatzsucher auf die Suche nach eigens dazu versteckten
„Schätzen", den Caches. Dabei handelt es sich meist um kleine
wasserdichte Gefäße, deren Inhalt aus einer Art Logbuch für die
Einträge der Finder und einem Stift besteht. Zusätzlich ist es üblich, kleine „Schätze" mit zu verstecken. Die Koordinaten des
Caches erhalten „Geo-Cacher", wie sich Mitglieder dieser Community bezeichnen, über entsprechende Foren im Internet. Dort
kann man dann auch gleich Kommentare zum entsprechenden
Cache abgeben (Abb. 6.6).

Als Ausrüstung benötigt man prinzipiell nur einen guten
GNSS-Empfänger und natürlich dem Gelände angepasste Ausrüstung. Da es sich bei den Geo-Caches meist um eher kleine Ob-
jekte handelt, kommt der Genauigkeit bei der Ortung eine besondere Bedeutung zu.

Dies trifft jedoch auf alle Arten der Fußgängernavigation zu.
Da Fußgänger sich mit kleineren Geschwindigkeiten und teilweise auch auf nicht in Karten vermerkten Wegen oder Straßen

Abb. 6.6 Geo Cache und GPS-Handempfänger. (Quelle: Garmin)

bewegen, stoßen Zielführungssysteme, wie man sie aus dem KFZ-Bereich kennt, hier an ihre Grenzen. Während bei diesen Fehler um 5 m meist tolerierbar sind, trifft dies für Fußgänger in vielen Fällen nicht zu. Einsatz finden GNSS-Empfänger ja gerade dort, wo die Orientierung Schwierigkeiten bereitet, also im Gebirge, in Städten oder eben im freien Gelände.

Rund um diesen Sektor ist ein riesiger Markt entstanden, welcher wohl auch in den kommenden Jahren weiter anwachsen dürfte. Im Jahr 2021 gehen Analysten der EUSPA davon aus, dass knapp 6 Milliarden GNSS-Empfänger im Marktsegment „Verbraucherlösungen, Tourismus & Gesundheit" im Einsatz waren. In diesem Bereich machen Smartphones mit ungefähr 90 % den dominierenden Marktanteil aus. Die in Smartphones verbauten Mehrfrequenzempfänger erreichen eine sehr hohe Ortungsgenauigkeit und Zuverlässig. Unterstützt durch Daten aus dem Internet sind sie auch bei Kaltstarts sehr schnell einsatzbereit. Reine GPS- bzw. GNSS-Handempfängern stellen daher mittlerweile eher ein Nischenprodukt für Spezialanwendungen dar. Zu nennen wären beispielsweise GPS–GSM-Tracker zur Personenortung mittels zusätzlichem Mobilfunk, Miniaturempfänger in Uhren, Outdoorgeräte mit Zusatzfunktionen beispielsweise zum Angeln und mit speziellem Schutz gegen Schmutz und Feuchtigkeit, oder Geräte mit Halterung und Zielführung beim Fahrradfahren. Diese Geräte sind oft in der Lage, GPS und GLONASS Signale auszuwerten und erreichen damit in der Praxis Genauigkeiten von wenigen Metern. Der Bereich Fußgängernavigation ist eine spannende Umgebung für wissenschaftliche Untersuchungen. Da die notwenigen Genauigkeiten oft nicht allein mit GPS/ Galileo und oder GLONASS erreicht werden können oder Gebäude den Satellitenempfang erschweren beziehungsweise vollständig abschirmen, entstanden in den letzten Jahren eine ganze Reihe von wissenschaftlichen Arbeiten dazu, wie man mit dem Smartphone auf Basis anderer Daten beispielsweise in großen Gebäuden navigieren kann.

6.2.7 Wissenschaftliche Anwendungen

Wettbewerbe wie der europäische „Galileo Masters", bei dem Preise für zukunftsweisende Anwendungen der GNSS-Technologie vergeben werden, sollen die Entwicklung neuer Anwendungsideen unterstützen. Gleichwohl gibt es natürlich bereits viele wissenschaftliche GNSS-Anwendungen. Die wohl wichtigste stellt die Entwicklung der Technik selbst dar. Wie im Kapitel über Galileo beschrieben, nutzt die moderne Satellitennavigation Verfahren, welche sich selbst zum Teil noch im Entwicklungsstadium befinden, und bringt damit nicht zuletzt die naturwissenschaftliche Grundlagenforschung voran. Die Strahlkraft ist so groß, dass sich sogar Physiknobelpreisträger ihrer bedienen. Als der Münchner Physiker Theodor Hänsch gemeinsam mit den US-Amerikanern Roy Glauber und John Hall für ihre „Beiträge zur Entwicklung der auf Laser gegründeten Präzisionsspektroskopie, einschließlich der optischen Frequenzkammtechnik" den Nobelpreis erhielt, war wohl den meisten Menschen nicht klar, welchen Zweck eine solche Technologie haben sollte. Als mögliche Anwendung wurde die Satellitennavigation genannt, da sich prinzipiell mit dem Frequenzkammverfahren noch genauere Atomuhren bauen lassen, welche für die Satellitennavigation erforderlich sind.

Große Fortschritte hat die GNSS-Technologie ganz allgemein im Vermessungswesen gebracht. Dabei unterscheidet man zwischen den Bereichen der Erdvermessung, der Geodynamik, also zum Beispiel der Bewegung der Erdkrusten, und der Landesvermessung, der praktischen Geodäsie und der Kartographie. Je nach Fachgebiet liegen die Anforderungen an die Messgenauigkeit im Meter-, Zentimeter, oder gar Millimeterbereich. Um diese extreme Präzision zu erzielen, war die Entwicklung neuer Verfahren notwendig. Diese stehen mittlerweile einer großen Gruppe von Nutzern zur Verfügung. So sind beispielsweise die von SAPOS bereit gestellten Dienste für Jedermann frei, aber zum Teil kostenpflichtig erhältlich.

Bereits im Jahr 1999 wurde die Höhe des Mount Everest, des höchsten Berges der Erde, mit Differenziellem GPS vermessen, mit dem Ergebnis, dass die früher angegebene Höhe von 8848 m um zwei Meter zu gering war. Auch die Kontinentaldrift lässt sich mit DGPS nachweisen und auf einige Millimeter genau vermessen, wodurch sich Rückschlüsse auf Vorgänge im Erdinneren ergeben, welche unter Umständen zu einem besseren Verständnis von Vulkanausbrüchen führen könnten. Im Bereich der Kartographie können durch Nutzung von DGPS überaus präzise Karten erstellt werden, wie sie zum Beispiel auch für Katastervermessungen erforderlich sind.

Eine weitere wissenschaftlich, aber auch wirtschaftlich genutzte Anwendung von GNSS bezieht sich auf die Genauigkeit der erreichbaren Zeitangaben. Da ein GPS-Empfänger zur Positionsbestimmung mit den Satellitenuhren in der Zeit synchronisiert wird, ist es möglich, damit die Uhrzeit auf mindesten 100 Milliardstel Sekunden genau zu bestimmen. Diese Genauigkeit wird beispielsweise zur Taktsynchronisation von Rechnernetzwerken, also auch dem Internet benötigt.

6.2.8 Weitere Anwendungen

Die Liste an Anwendungen der GNSS-Technologie ließe sich noch lange fortsetzen und auch für künftige Entwicklungen spekulativ erweitern. In diesem Zusammenhang sei als Beispiel das „Internet der Dinge" erwähnt. Die zunehmende Vernetzung von mit Mikrochips versehenen Gegenständen und Mikrocomputern könnte in nicht allzu ferner Zukunft den Alltag auf eine Art revolutionieren, wie es zuletzt vielleicht die Erfindung des PC erreicht hat. Dabei könnten ganz normale Haushaltsgegenstände, über das Internet verbunden, viele Vorgänge selbstständig und optimiert ausführen. Beispielsweise könnten Kühlschränke selbstständig erkennen, welche Lebensmittel fehlen und diese nachbestellen. In diesem Zusammenhang wäre es erforderlich, deren Standort genau zu kennen, und hier käme wiederum die Satellitenortung ins Spiel. Viele dieser Technologien sind bereits verfügbar, aber noch nicht tauglich für den Massenmarkt.

Was nach Zukunftsmusik klingt, hätte man über das „Precision Farming" vor noch gar nicht allzu langer Zeit auch noch gedacht. Dabei wird es bereits weltweit ganz selbstverständlich angewendet. Anstatt wie früher mit dem Traktor auf Sicht über die Felder zu fahren, werden diese nun mit Hilfe von Differenziellem GPS bzw. Galileo zentimetergenau geführt, und der Landwirt überwacht den Prozess lediglich – die Steuerung der riesigen Erntemaschinen läuft vollautomatisch. Neben GNSS nutzen die Systeme auch Erdbeobachtungsdaten wie beispielsweise der europäischen Sentinel-Satelliten. Diese liefern aktuelle und räumlich hochaufgelöste Daten über den Zustand der Erdoberfläche und ihrer Atmosphäre.

Auch bei Rettungseinsätzen wird nicht mehr auf GNSS verzichtet (Abb. 6.7). Bei Einsätzen im Gebirge kann die Bergung deutlich vereinfacht werden, wenn dem Rettungsteam die genauen Koordinaten des Verunglückten bekannt sind. Ganz allgemein ist in allen Notfallsituationen die genaue Kenntnis der Koordinaten der Verunglückten enorm hilfreich. Bei Umweltkatastrophen wie Erdbeben oder Überschwemmungen, kann man den in Not geratenen Personen umso schneller Hilfe zukommen lassen, je besser deren Standort bekannt ist. Auch in diesem Zusammenhang eröffnet die Satellitennavigation viele positive Möglichkeiten, die weit über die ursprüngliche Konzeption eines militärischen Systems hinausgehen.

Abb. 6.7 GNSS hilft im Gebirge nicht nur bei der Wegfindung sondern auch in Notfällen. (Quelle: Garmin)

6.3 Ausblick

Als GPS und GLONASS entwickelt wurden, fand dies unter völliger Geheimhaltung statt, da diese Entwicklungen als Waffe in einem (zum Glück überwiegend kalten) Krieg gedacht waren. Heute im 21. Jahrhundert hat sich nicht nur die weltpolitische Situation, sondern auch die Verbreitung der Satellitennavigation grundlegend geändert, so dass ein relativ großes Interesse daran besteht, wie diese Technik funktioniert. Viel wurde bereits in entsprechenden Veröffentlichungen erklärt, manche Details lassen aber immer noch Raum für Diskussionen.

Die Vielzahl der in diesem Buch namentlich erwähnten Naturwissenschaftler, Mathematiker und vor allem Physiker, sind doch nur ein kleiner Teil derer, deren Theorien und Arbeiten die Satellitennavigation erst ermöglichten und lesen sich dennoch geradezu wie das Who's Who der Physik – zumindest in den relevanten Bereichen. Das zeigt, wie viel Naturwissenschaft und Technik in GPS und Co steckt. Da die Technik unseren Alltag mittlerweile in vielen Bereichen stark beeinflusst, erscheint es sinnvoll, sich mit diesem Thema schon in der Schule auseinanderzusetzen.

In der ersten Auflage dieses Büchleins wurde noch die Frage, ob ein System wie das europäische Galileo notwendig sei oder vielleicht doch nur Verschwendung von Steuermitteln, diskutiert. Aus der Perspektive des Jahres 2022 hat sich die Begründung des Autors – leider – nochmal stark geändert. Es bleibt wahr, dass bei der Vielzahl der Anwendungen von GNSS, die unser Leben in immer mehr Bereichen durchdringen, mehr als nur ein verfügbares System letztlich auch zur Absicherung erforderlich ist. Die Koexistenz von derzeit vier globalen, teilweise sogar interoperablen Satellitennavigationssystemen GPS, GLONASS, Galileo und dem chinesischen Beidou, auf das hier nicht weiter eingegangen wurde, sichert die Verfügbarkeit der Ortungssignale. Hinzu kommt eine ganze Reihe von Unterstützungssystemen wie EGNOS und anderen, die weitere Informationen zur Verbesserung der Genauigkeit und zur Absicherung gegenüber Störungen oder gar Ausfällen liefern.

Auf diese Weise schien aus der Perspektive des Autors im Jahr 2014 gesichert zu sein, dass die für so viele Lebensbereiche mittlerweile entscheidenden GNSS-Signale auch unter ungünstigen technischen oder politischen Bedingungen mit großer Sicherheit zur Verfügung stünden. Der Aspekt, dass Galileo als einziges GNSS nicht militärisch kontrolliert ist, trat in den Hintergrund. Dies hat sich im Jahr 2022 auf schreckliche Art und Weise geändert. Umso bedeutsamer ist die Tatsache, dass Galileo als weltweit einziges ziviles GNSS die Verfügbarkeit von Ortungssignale auch in solchen Zeiten sichert, in denen die weltpolitischen Bedingungen berechtigte Zweifel an der zuverlässigen Verfügbarkeit mancher militärischer Systeme schüren.

Welche Anwendungen der GNSS auf der Nutzerseite in Zukunft noch kommen werden, bleibt weiterhin spannend. Schon heute gibt es unzählige Bereiche, in denen die Satellitennavigation Menschen hilft, sie bei der Arbeit unterstützt, Streitigkeiten beim Autofahren um den richtigen Weg vermeidet (man hat dann zumindest immer einen Schuldigen …), Prozesse in der Land-

wirtschaft, im Verkehr, in der Wissenschaft und bei Rettungseinsätzen zu optimieren hilft oder ganz einfach Freude beim Schatz-
suchen bereitet. Und somit kann man zu Recht von einer
Erfolgsgeschichte dieser Technik sprechen, denn Technik muss
sich zwangsläufig irgendwann auch daran messen lassen, welchen
echten Nutzen sie den Menschen bringt und dieser ist bei der Satellitennavigation wohl unbestritten.

Literatur

Mansfeld, W. (2013). *Satellitenortung und Navigation: Grundlagen und Anwendung globaler Satellitennavigationssysteme.* Springer-Verlag.

Pohl, F. W., & Schmidt, U. (2009). *Die Geschichte der Navigation.* Koehler.

Schüttler, T. (2018). *Relativistische Effekte Bei Der Satellitennavigation.* Springer Fachmedien Wiesbaden.

Tipler, P. A., Llewellyn, R. A., & Czycholl, G. (2003). *Moderne Physik.* Oldenbourg.

Zogg, J.-M. (2014). *GPS und GNSS: Grundlagen der Ortung und Navigation mit Satelliten, User's Guide.*

Links

http://www.dlr.de
http://www.esa.int
http://glonass-iac.ru/en
http://www.gps.gov/
http://www.insidegnss.com/
www.nasa.gov
www.nasaspaceflight.com
http://zogg-jm.ch/

© Springer-Verlag GmbH Deutschland, ein Teil von Springer Nature 2022

T. Schüttler, *Satellitennavigation*, Technik im Fokus,
https://doi.org/10.1007/978-3-662-58051-6

Printed in the United States
by Baker & Taylor Publisher Services